黑龙江省自然科学基金优秀青年项目（YQ2019E033）资助

近距离煤层开采覆岩运动规律及围岩变形机理研究

金珠鹏　著

应急管理出版社

·北　京·

内 容 提 要

本书针对近距离煤层开采方面存在的问题，通过对覆岩结构理论和覆岩运动研究现状、近距离煤层采场矿压显现规律及下煤层回采巷道合理布置研究现状等进行深入分析，以沙坪矿近距离煤层开采为工程背景，运用理论分析、室内试验、数值模拟和现场工业性试验等手段，开展近距离煤层开采覆岩运动规律及围岩变形机理研究，建立了系统的采场覆岩结构及采场应力分布力学模型，为近距离煤层开采覆岩结构及运动规律、采场应力分布及岩层控制、下煤层回采巷道布置及稳定性控制等提供理论基础。

本书可供采矿工程领域的教师、研究生、高年级本科生及相关研究人员参考使用。

前　　言

　　长时间以来，在近距离煤层开采方面，很多理论和技术仍不完善，使得工作面和回采巷道围岩稳定性控制的难题得不到解决。本书对覆岩结构理论和覆岩运动研究现状、近距离煤层采场矿压显现规律及下煤层回采巷道合理布置研究现状等进行深入分析，认为近距离煤层开采应综合考虑在多重采动影响下的覆岩结构及其运动规律。因此在下层煤开采过程中工作面及巷道顶板应力分布的定量判定、影响应力分布因素的系统分析、下煤层回采多次动压影响下巷道布置对于巷道围岩稳定性的影响等方面进行研究。

　　书中在山西晋神能源集团所属沙坪煤矿 8 号煤层进行了试验，得出以下结论：

　　（1）根据近距离上、下煤层层间距的不同，提出以上覆岩层结构运动为中心的近距离煤层开采覆岩结构分类方法，将近距离煤层开采覆岩结构分为双悬臂梁结构、双砌体梁结构、上悬臂梁下砌体梁结构及上砌体梁下悬臂梁结构 4 种类型。

　　（2）通过理论分析、室内试验及数值模拟研究，提出了上煤层关键层结构稳定性是决定下煤层采场矿压显现的主要因素之一。随着层间距的增大，下煤层开采时，覆岩运动稳定区滞后工作面距离逐渐增大。层间距较小时，上煤层开采形成的砌体梁结构转化为上悬臂梁结构，通过上煤层垮落矸石，将荷载传递给下煤层工作面顶板岩层，上煤层悬臂梁结构和下煤层悬臂梁结构共同作用，使下煤层工作面周期来压步距与上煤层周期来压出现同步协调的现象。

　　（3）通过 Matlab 和离散元软件 3DEC 开展不同层间距近距离煤层

开采覆岩运动规律、工作面矿压显现规律、采场应力分布特征及下煤层回采巷道合理位置的确定等研究，揭示了层间距离对采场应力分布的影响规律。通过理论分析，建立了上煤层回采期间煤柱侧关键块体断裂回转力学模型，提出了分区控制的支护方案，核定了双悬臂梁结构和双砌体梁结构时工作面支架的合理工作阻力。

本书的撰写工作得到了中国矿业大学（北京）资源与安全工程学院侯运炳教授的悉心指导，何尚森博士提出了宝贵意见，刘畅博士、郭鹏飞博士、张晓虎博士、韩小帅硕士给予了支持和帮助，在此向他们表示衷心感谢！

由于作者水平有限，书中不妥之处，敬请批评指正。

著　者

2020 年 10 月

目　　录

1 概　　述

1.1　近距离煤层开采研究背景

煤炭是我国的主要能源。进入 21 世纪以来，煤炭对我国国民经济发展起重要支撑作用。根据国家统计局数据，2018 年全国原煤产量 3.68 Gt，同比增长 4.5%；2019 年原煤产量 3.75 Gt，同比增长 4.2%；2020 年，我国的煤炭产量稳中有升，同比增长 0.9%，总产量达到了 3.84 Gt。随着经济与科学技术水平的提高，环保意识提升，一次能源消费中，煤炭消费量所占比例不断下降。2018 年，煤炭消费量在我国能源消费总量中占比仅为 58%，首次低于 60%；2019 年，这一数值降至 57.7%；2020 年，清洁能源消费比重进一步提升，初步推算煤炭消费所占比重下降 1.0 个百分点。虽然一次能源中煤炭所占比例还会下降，但在未来一段时间内，煤炭产业作为我国重要能源支柱产业的格局不会改变。

由于成煤环境的差异，煤层赋存条件也不尽相同，煤层厚度、煤层倾角、煤质、煤层层数及层间距等也出现区域性的显著差异。煤层赋存条件的区域性特征的复杂性和多变性给煤炭开采装备、技术等提出了更高的要求，经过几代人努力，煤炭行业的管理水平、装备、技术都在不断提高，相关从业人员为我国经济发展贡献自己的力量。近年来，随着煤炭资源的日益枯竭，赋存条件较好的煤层已经回采殆尽，由于近距离煤层在我国赋存比重较大，为了提高煤炭资源回收率、延长矿井服务年限，破解近距离煤层开采技术难题已迫在眉睫。在我国十四个大型煤炭生产基地（神东、晋北、晋中、晋东、蒙东、云贵、冀中、鲁西、陕北、黄陇、宁东、两淮、河南、新疆）中，除蒙东大多数为露天开采外，其他煤炭生产基地如神东亿吨级煤炭生产基地、晋北亿吨级动力煤生产基地、晋中亿吨级煤炭基地、晋东亿吨级无烟煤生产基地及两淮亿吨级大型煤电基地等，均存在近距离煤层或煤层群开采的问题。以陕北煤炭生产基地中的忻州矿区为例，本区含煤地层属石炭、二叠系含煤地层，即包括石炭系本溪组、上统太原组、二叠系下统山西组和下石盒子组，其中以太原组和山西组为主要含煤地层。矿区内共发育（或局部发育）14 层煤，其中 8、9、10、11、12、13 号六层煤层为本区稳定或较稳定可采煤层，5、6、7、14、15 号五层煤层为区内局部或零星可采煤层，其余均为不可采煤层，且在可采煤层中，煤层分叉合并频繁，给区内煤炭开采造成了很大困难。由此可见，近距离煤层在我国赋存广泛，储量丰富，随着国民经济的快速发展和煤矿开采强度的不断增大，近距离煤层开采的问题必须引起高度重视，并进行深入的研究。

长时间以来，国内外煤炭开采技术的研究主要集中在对单一煤层的开采，并且通过近几代人的艰辛付出和努力研究取得了大量的研究成果，给我国经济的飞速发展提供了坚实的能源保障，为我国现代化建设和煤炭事业的繁荣发展做出了不可磨灭的贡献。然而，由于早期煤炭开采主要是针对我国煤层赋存条件较好的单一煤层，对近距离煤层或煤层群的开采技术的研究和实践相对较少。由于煤层层间距的减小，采动影响明显增强，下层煤开采过程中工作面矿压显现规律、回采巷道围岩稳定性控制等有明显不同。特别是当相邻煤层层间距较小时，上部煤层开采产生的采动影响和应力集中，对下部煤层顶板造成了严重损伤，破坏了下煤层顶板的完整性，下煤层回采时仍受超前支撑压力的二次影响，常常造成工作面顶板台阶下沉、工作面液压支架安全阀开启率高、端头矿压显现强烈、回采巷道漏顶等安全事故，给下部煤层工作面顶板维护和巷道围岩稳定性控制带来很大困难。大量的工程实践表明，上部煤层的覆岩结构和运动规律、上部煤层和下部煤层采高、相邻煤层层间距等对下部煤层开采的矿压显现、应力分布等影响很大，下部煤层回采巷道矿压显现剧烈、巷道围岩变形破坏严重、下部煤层漏顶造成上部采空区积水涌入巷道引发透水等。

因此，深入系统地研究近距离煤层开采的覆岩结构、覆岩运动规律、矿压显现规律及围岩稳定性控制，确定安全高效的近距离煤层开采方案，进一步丰富和完善适用于近距离煤层开采的围岩控制理论和技术，对近距离煤层安全、高效开采具有重要意义。

1.2 覆岩结构理论及近距离煤层开采研究

煤炭在采掘过程中，打破了覆岩的原始平衡状态，非平衡力驱动围岩产生变形、破坏并向采掘空间方向移动，这种存在于围岩之中并驱动围岩向采掘空间移动的力称为矿山压力（Ground pressure）。采矿导致覆岩变形、破坏，波及地表，形成开采沉陷（Mining subsidence），破坏地表生态环境，威胁建（构）筑物安全。为了保护采掘空间安全与地表环境，需要有效地控制岩层变形、破坏与坍塌，对采掘空间周围岩层变形、破坏与坍塌进行人为控制，称之为岩层控制（Stratum control）。在煤炭开采过程中矿山岩体是受载体，承载进程（即在哪个阶段承载）未知、受载历程（即承受了多少次、何种载荷）未知、演化趋向未知。矿山工程结构构成、环境作用的非线性，演化历程、进程、趋向均处于非线性阶段，矿山工程结构演化过程消耗了系统的能量，具有明显的不可逆性和不可预测性。随着工业革命的发展和信息技术的逐步完善，近半个多世纪以来，国内外学者在矿山压力及岩层控制的研究方面取得了丰富的研究成果。采场上覆岩层运动规律的研究离不开对采场上覆岩层结构的认识，采场覆岩结构理论的研究主要经历了早期认识、近代发展及现代研究三个阶段。

1.2.1 采场矿压假说

自长壁开采以来，煤炭开采中出现的事故严重制约着煤炭企业的安全生产，国内外学者逐渐认识到采场覆岩结构对采场岩层控制的重要性。然而，20世纪五六十年代前，当时的科学技术水平有限以及缺乏相关领域系统的研究力量，人们对采场上覆岩层结构的认识还处于总结经验阶段，经过多年的发展，形成了一定的采场矿压理论假说，其中，比较有代表性、能够解释采场发生的矿压现象以及解决现场遇到的一些问题并得到行业内人士认可的假说主要有以下几种。

1. 压力拱假说

德国人 W. Hack 和 G. Gillitzer 在工程实践中发现，在工作面回采初期，工作面支架受到的上覆岩层压力并非一成不变，支架受到的上覆岩层压力有极限，受力达到该极限后就不再增大，支架受到的载荷与其上方岩层的总载荷也并不相等。在总结大量的实践经验后，两人于1928年提出了压力拱假说，该假说认为，岩层自然平衡从而形成一个"压力拱"，拱的一个支撑点在工作面前方的煤壁内，另一个支撑点在采空区已垮落的矸石上，前后分别形成了前拱脚 a 和后拱脚 b。在前拱脚 a 和后拱脚 b 的支撑下该岩层承担着其上方岩层的载荷，而支架只承担压力拱内的岩石载荷。前拱脚 a 和拱脚 b 分别处于应力增高区，在前后拱脚之间，无论是顶板还是底板中均形成了一个减压区（图1-1），随着工作面的推进，前后拱脚也将向前移动。

该假说对采场上覆岩层的认识有两个突出贡献：一是认识到支架所承受的载荷是有限的；二是随着采空区矸石的逐渐压实，工作面前方和采空区会形成两个增高的支撑压力区。该假说能够简单解释工作面前后的支撑压力和回采工作空间处于减压范围，但难以解释随着工作面推进矿山压力呈周期性显现的现象，不能定量描述拱结构的主要影响参数，对工程实践中遇到的问题不能很好地解决。

2. 悬臂梁假说

德国人 K. Stoke 在1916年提出了悬臂梁假说，认为工作面和采空区上方顶板，可以看作是一端固定于岩体内另一端悬伸于采空区的悬臂梁。在工作面推进过程中，悬臂梁产生弯曲下沉，同时受到已垮落矸石的支撑，顶板岩层悬伸长度达到极限时发生有规律的断裂，从而引起工作面周期压力的显现。

该假说解释了工作面支架近煤壁侧受力而小近采空区侧受力较大的现象，同

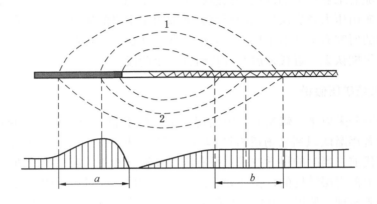

a—前拱脚；b—后拱脚；1—顶板内压力拱轴线；2—底板内压力拱轴线

图 1-1　回采工作面压力拱假说

时也揭示了工作面周期来压现象，且对支架载荷提出了各种计算方法。由于未考虑采场上覆岩结构及运动规律，根据悬臂梁假说计算的顶板下沉及支架载荷与煤矿现场实际观测数据有一定差异。

3. 铰接岩块假说

苏联专家库兹涅佐夫 1950—1954 年提出了铰接岩块假说。假说认为采场上覆岩层的失稳破坏可分为垮落带和其上方的规则移动带（图 1-2）。在垮落带范围内，前期岩石无规则垮落，上方垮落岩石则呈现出有规律的排列，但呈现有规律排列的破断岩石在水平方向上应力为零。在规则移动带内，断裂形成的岩块在水平应力的作用下相互铰合形成一条规则的铰链，随着工作面的推进以及采空区

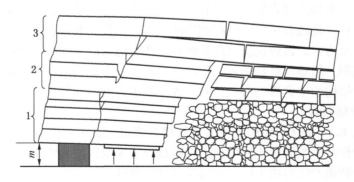

1—不规则冒落带；2—规则垮落带；3—裂隙带

图 1-2　铰接岩块假说

矸石的压实而逐渐下沉，最终形成三铰拱式的平衡状态。

该假说对支架与围岩的相互作用进行了比较详细的分析。针对规则移动带下部岩层是否发生断裂提出了支架存在的两种不同工作状态，即"给定载荷"状态和"给定变形"状态。"给定载荷"状态支架只承受垮落带内的岩石载荷；支架"给定变形"状态时，规则移动带和下部岩层的相互作用，是支架承受载荷和变形的主要因素，当规则移动带内岩块持续下沉，支架所承受载荷和变形不断增加，直到规则移动带内的岩块达到平衡位置。

4. 预成裂隙假说

20世纪50年代，比利时专家 A. 拉巴斯提出预成裂隙假说，该假说以假塑性体理论为基础，分析破断岩块的相互作用关系（图1-3）。假说认为在采动影响下，工作面上覆岩层的连续性遭到破坏形成非连续体，从而在回采工作面周围形成了应力降低区、应力增高区和采动影响区。

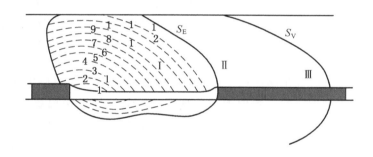

Ⅰ—应力降低区；Ⅱ—应力增高区；Ⅲ—采动影响区；S_E—剪应力最大包围面；S_V—采动影响区边界

图1-3 预成裂隙假说

该假说进一步解释了工作面支架与围岩的相互作用关系，通过增大支架初撑力和工作阻力，增加各个岩层和岩块间的摩擦阻力控制工作面顶板的相对滑移、断裂和离层。然而，该假说忽视了上覆岩层未发生裂隙岩层的受力情况，对上覆岩层结构的运动缺乏系统的理论探讨和说明，具有一定的局限性。

1.2.2 近距离煤层开采研究现状

学术界对于近距离煤层的定义仍然非常模糊。早期苏联学者 B. И 包基教授认为层间距不超过21公尺的煤层可看作是近距离煤层，超过该距离时，下部煤层开采不会对上部煤层产生任何影响，然而在库兹巴斯煤层群开采过程中的事实证明这个定义是错误的。B. Ц. 斯列沙列夫、И. M. 库兹涅佐夫等把煤层间距作为判断是否能够进行上行顺序开采的条件，其实质是以煤层开采时的破坏高度来定义近距离煤层。

我国近距离煤层的开采从 20 世纪 70 年代末在中梁山煤矿开始，中梁山煤矿当时采用全充填采煤法对急倾斜近距离煤层进行开采并取得了一定成效。随着科学技术的发展，我国学者近半个世纪以来对近距离煤层开展了广泛深入的研究，取得了大量有益的研究成果。目前，对近距离煤层的研究主要集中在近距离煤层覆岩结构及运动规律、近距离煤层下部煤层开采矿压显现规律及支架 – 围岩的相互作用、近距离煤层上下同采工作面合理错距、近距离煤层下部煤层开采回采巷道布置、近距离煤层开采围岩裂隙动态演化等方面。

1. 近距离煤层上覆岩层结构及运动规律研究现状

许家林教授等以神东矿区石圪台煤矿为研究对象，通过上煤层开采过程中出现的压架事故为背景，通过相似模拟、理论分析，研究了近距离煤层下煤层开采时关键层的破断和来压规律，结果表明开切眼距煤柱边界的距离对下层煤开采矿压显现有重要影响：当距离较远煤柱上方关键层与煤柱边界采空区岩块，形成的非稳定铰接结构是造成压架的根本原因；当距离处于煤柱上方关键层的初次破断距和周期破断距之间时，出煤柱时关键层的悬臂式破断是压架的主要原因。

屠世浩教授等以鄂尔多斯乌兰集团石圪台煤矿 3 – 1 – 2 煤层工作面为背景，通过理论分析、物理实验、数值模拟及现场实测对浅埋近距离煤层房柱采空区下，下层煤开采引起的覆岩变形破坏、岩体应力集中造成的冲击式来压机理、地表下沉规律及工作面来压规律之间的关系进行了研究，提出对房柱爆破放顶卸压、地表注沙充填及合理控制采高的综合性顶板控制方案，达到了预期的效果。

孙力等以淮南矿业公司潘二煤矿近距离煤层群为背景通过相似模拟实验对 8、7、6、5 煤层下行开采过程中的覆岩运动进行了细致的研究，结果表明近距离煤层群俯斜开采过程中，采场覆岩下沉最大点并非位于采空区中部，而是在采空区后方，顶板水平位移偏向工作面推进方向；随着开采次数的增大，本层煤对上覆岩层的影响范围逐渐增大，覆岩下沉系数与煤层开采次数呈线性相关。

樊永山等基于木瓜煤矿 9 煤与 10 煤 2～10 m 层间距的工程地质条件，通过相似模拟实验研究了下层煤开采过程中上覆岩层运移规律，研究表明下层煤开采初次来压前工作面矿压显现明显，随着工作面距离的增大，矿压显现有减弱趋势；下层煤开采增大了覆岩的破碎程度，使覆岩垮落角明显增大。刘生优等根据淮北涡北煤矿 81 煤和 82 煤近距离"三软"煤层的特点，通过理论分析、相似材料模拟实验对下层煤煤壁片帮、端面破坏等进行了研究，结果表明端面顶煤完整性的破坏是造成端面片帮的原因，由此形成了合理的过断层技术和开采工艺。

李春林等以北京昊华能源公司大安山煤矿平均层间距仅 1.5 m 的 9 号煤层为

研究对象，通过相似模拟实验研究了缓倾斜超近距离煤层不同开采方案对覆岩运动和工作面矿压显现规律的影响，结果表明上下煤层顺序开采，在下层煤开采时形成假顶，上层煤开采采用无煤柱的开采方法是比较合理的。

杨敬轩通过理论分析和现场实测，研究了浅埋近距离煤层房柱采空区条件下，下煤层开采的顶板承载及覆岩结构，把上煤层顶板、房柱、下煤层顶板及下煤层支架看作一个整体，建立普适性的砌体结构力学模型，建立了非连续均载块体受力及运动特征普适模型，认为上煤层房柱尺寸对下煤层顶板破断造成重要影响，提出了通过改善上煤层房柱尺寸保证下煤层顶板稳定性的方法并在现场实践中得到验证。金珠鹏以沙坪矿近距离煤层开采为工程背景，以上覆岩层及运动为中心，以煤柱下回采巷道围岩及采场顶板稳定性控制、支护等为着眼点，运用理论分析、室内试验、数值模拟和现场工业性试验等手段，开展近距离煤层开采覆岩运动规律及围岩变形机理研究。将近距离煤层开采分为下煤层开采不造成上煤层关键层结构的失稳（Ⅰ类）、下煤层开采导致上煤层关键层结构失稳（Ⅱ类）两种类型。其中Ⅰ、Ⅱ类又可分别分为两个亚类，分别为双砌体梁结构（ⅠA型）和上砌体梁下悬臂梁结构（ⅠB型）、双悬臂梁结构（ⅡA型）和上悬臂梁下砌体梁结构（ⅡB型）。

2. 近距离煤层同采工作面来压及合理错距研究现状

许家林教授等以大柳塔活鸡兔煤矿21305工作面为工程背景，针对下层煤开采时工作面过倾向煤柱时的动载矿压问题，通过关键块体结构稳定性的力学分析、相似模拟试验展开研究，结果表明下部煤层开采工作面出煤柱阶段上煤层关键层形成的三铰式结构是不稳定的，三铰结构中的两个关键块体随着下部岩层的移动发生回转失稳，是下煤层工作面出煤柱时动载矿压剧烈的根本原因。

王晓振等基于补连塔煤矿32301工作面矿压实测结果，研究了近距离煤层大采高工作面矿压显现规律。结果表明在上煤层走向煤柱的影响下，下层煤开采时的初次来压步距和周期来压步距均比上层煤有所增大；走向煤柱下工作面支架平均荷载和动载系数差异不明显，上煤层采空区下工作面支架平均荷载和动载系数差异显著且有所增大。

孙春东等以阳邑煤矿1.0 m极近距离煤层联合开采为背景，应用错距理论和岩层移动理论研究了上煤层采空区内形成的减压区和稳压区，通过理论分析认为该条件下，下煤层工作面只能布置在稳压区内且在上煤层采空区残余支撑压力与下煤层超前支撑压力区间存在2~3 m的近原岩应力区，为阳邑煤矿类似条件下近距离煤层的开采提供了参考。

刘增辉等以淮北海孜煤矿8煤和9煤近距离煤层为背景，通过数值模拟、现场实测等手段，研究了上煤层开采对底板卸压效应、采场矿压显现规律及围岩应力演化的过程。确定了 762 工作面底板到 962 工作面底板 20.93 m 为应力降低区，其中应力呈线性降低；随着工作面长度的减小，下部煤层开采时工作面应力分布显著不同，未开采侧由于应力集中导致下层煤工作面超前支撑压力明显增大。

王泳嘉等以鹤岗矿区南山煤矿 18 - 1 煤和 18 - 2 煤为背景，通过离散元软件进行近距离煤层上下同采工作面合理错距的研究。研究表明，随着工作面错距的逐渐增大，下层煤工作面煤壁超前支撑压力峰值不断增大，影响范围也有所扩大，岩层垮落和运动加剧，认为南山煤矿 18 - 1 煤和 18 - 2 煤上下同采时的错距为 70 m 时较为合理。

杨伟等以石圪节煤矿近距离煤层为工程背景，考虑层间应力分布因素下应用传统矿压理论和弹性半平面体理论，对工作面合理错距进行对比分析，得到了该条件下近距离煤层上下同采工作面的合理错距，为工作面的安全高效生产提供了理论保证。

3. 近距离煤层下部煤层开采回采巷道布置研究现状

程志恒、齐庆新教授等运用理论分析、数值模拟和现场实测的方法，研究了近距离煤层开采下层煤巷旁混凝土充填沿空留巷巷道合理布置的问题。分析了煤柱传递影响角对巷道布置的影响，利用 FLAC3D 数值软件研究了煤柱对底板支撑压力分布的影响，确定了在 3 + 4 煤层沿空留巷巷道布置位置，即距煤柱边界水平距离 12 m 处较为合理，为近距离煤层下行开采下层煤沿空留巷的设计和实施提供了一定的借鉴。

张百胜教授等应用数值模拟的方法，通过研究煤柱支撑压力在底板的分布规律以期确定极近距离煤层回采巷道的合理位置。研究发现，煤柱底板中的应力分布具有显著的非均匀性特征，提出了把下部煤层回采巷道布置在煤柱底板应力降低区和应力改变率较小位置的巷道布置合理方法，现场试验验证了该方法的正确性，为相似条件下下煤层回采巷道的布置具有一定的指导意义。

张向阳等根据淮北矿压集团某矿上下采空回采中间煤层的特征，通过相似模拟、数值模拟和现场实测等手段，研究了在该条件下采场覆岩运动、围岩应力分布及变形规律。结果表明，在煤层厚度不大、采高 3 m 左右、顶底板岩层基本稳定的条件下，中间煤层的完整性未受严重破坏，在开切眼和终采线煤壁附近 35 m 范围内形成了剪切破裂区。

方新秋等以崔家寨煤矿 E12505 工作面机巷为工程背景，研究了近距离煤层群回采巷道失稳机制。研究结果表明，当上煤层遗留煤柱宽度较小且下层煤回采巷道位于上煤层煤柱下方时，下煤层区段煤柱宽度对回采巷道稳定性具有显著影响：煤柱宽度越小，巷道越容易发生失稳。

蔡光顺以中兴煤矿极近距离煤层为背景，通过理论分析、相似模拟、现场试验等手段，分析了上煤层开采的围岩应力分布对下煤层开采的影响，通过近距离煤层塑性煤柱临界边界的研究分析确定了中兴煤矿极近距离煤层开采的巷道布置合理方案，提出了下煤层开采时回采巷道可采用桁架锚杆支护技术，经过现场试验达到了预期的效果。

黄万朋等用覆岩组合结构理论、仿真模拟和现场实测等手段对翟镇煤矿六采区二、四煤层上行开采条件下巷道合理布置进行了研究，结果表明下煤层开采裂缝带呈阶梯状向上发育，裂隙带内自下而上分区破裂现象明显，将上层煤回采巷道布置在裂缝带上的一般开裂区较为合理，提出了上行开采巷道内错和外错布置的布局方案。

胡少轩等应用数值模拟分析了近距离煤层开采对下煤层应力分布及演化的影响规律，找到了下层煤内部应力变化率与上层煤煤柱尺寸之间的关系，提出了通过优化设计上层煤区段煤柱尺寸来保证下层煤回采巷道稳定性的方法，并成功应用于现场实践。

石永奎等以孙村煤矿近距离煤层上行开采为背景，应用 RFPA 数值软件，对回采巷道围岩应力进行了分析，证明了该条件下上行开采比下行开采更容易维护二层煤回采巷道的稳定，为保证上行卸压开采的成功提供了理论依据。

杨胜利等应用相似模拟、数值计算通过点荷载实验将山西新柳煤矿极近距离煤层的夹矸强度对顶板冒放性的影响进行了研究分析，确定了夹矸最大可放厚度，为类似条件下极近距离煤层合层综放开采技术提供了借鉴。

孔德中等以现场工程实际为背景，确定了近距离煤层下行开采综放回采巷道合理位置。结果表明，上煤层遗留煤柱引起的支撑压力对底板造成的最大破坏深度为 25.3 m，煤柱两侧边缘出现应力降低区，煤柱底板应力分布的非均匀性是造成下煤层回采巷道发生变形破坏的主要原因，通过评价应力不均衡程度，确定了下位煤层回采巷道的合理位置。

4. 近距离煤层开采围岩裂隙动态演化研究现状

齐庆新教授等以沙曲煤矿近距离煤层群开采为背景，采用相似模拟研究了上下煤层双重采动影响下围岩应力－裂隙分布和演化特征。研究表明，叠加采动影响下顶底板卸压程度较一次采动影响时高，但卸压阶段持续长度减少，随着工作面的回采，采空区中部覆岩裂隙再次闭合，围岩应力得到一定程度的恢复；下煤层开采的工程中覆岩裂隙发育程度随工作面推进距离增加而升高。研究成果对沙曲煤矿高瓦斯煤层群抽采钻孔的布置设计提供了理论基础，经过现场实践，取得了较好的抽采效果。

刘洪涛教授以六家煤矿近距离煤层群为研究背景，在分形理论的基础上，采用巴西劈裂试验和现场窥视数据，研究了近距离煤层群岩体碎裂尺度及均匀度对裂隙分形特征的影响。结果表明，劈裂块度分维值 2 是碎块尺度均匀性、裂隙面平滑度的最优参考值；随着劈裂块度分维值与 2 差的增大，则碎块尺度越不均匀，裂隙面越粗糙；而劈裂块度分维值越接近 2，则裂隙分维值越大且裂隙分布规律与劈裂块尺度大小无关，与碎块尺度均匀性密切相关。

张勇教授等运用弹塑性力学和断裂力学等力学理论，通过 FLAC3D 和 UDEC 数值模拟软件研究了采动影响下底板应力压缩区、过渡区、膨胀区及重新压实区的裂隙分布和动态演化过程。结果表明，底板应力压缩区裂隙多为弯折拉伸裂纹，过渡区裂纹多由反向滑移和弯折扩展形成，膨胀区多为 Ⅱ 型剪切裂纹。

李树刚通过相似模拟、理论分析研究了单层开采和近距离煤层重复采动影响下覆岩移动、裂隙分布与演化规律、支撑压力分布特征及采动裂隙椭抛带形态。结果表明，重复采动影响下覆岩出现了大图的裂隙椭抛带展布形态且裂隙经历了产生、扩张、压实、再扩张、再压实 5 个动态变化阶段，建立了近距离煤层重复采动力学椭抛带的空间分布数学模型。

1.2.3 采场覆岩结构理论研究

进入 20 世纪 60 年代，我国经济发展对能源的巨大需求，同我国落后的装备和技术极不匹配，迫切要求对采场上覆岩层结构、矿压显现和岩层控制进行定量的描述和分析，从而指导采矿设计和煤矿生产。由于西方国家工业和科技水平的发展，在该阶段主要研究采矿机械装备对采场岩层的控制，对上覆岩层结构的研究明显不足。受我国经济条件的限制，煤矿企业只能以低投入换取煤矿的安全生产。因此需要国内科研人员进行矿山压力及岩层控制方向研究。

1. "砌体梁"理论

1962 年，中国工程院院士钱鸣高教授提出了"采场上覆岩层围岩运动力学关系"的思路，并于 1979 年在大屯矿区孔庄煤矿现场测试中得到了验证；1981 年提出"砌体梁"平衡理论，并于同年 8 月 21 日在我国"第一届煤矿采场矿压理论与实践讨论会"报告后被普遍认同。1982 年钱教授在英国纽卡斯尔大学的"国际岩层力学讨论会"上宣读了"长壁开采上覆岩层活动规律及其在岩层控制中的应用"的论文，把"砌体梁"理论推向国际。

钱鸣高院士提出的"砌体梁"理论，首次完整论述了采空区上覆岩层压力传递和平衡方法，"砌体梁"理论认为，采场上覆岩层中断裂后排列整齐且相互铰接的坚硬岩块组成了采场上覆岩层的主要结构，这些结构承载着其他软弱岩层形成的载荷。随着工作面的推进，破断顶板岩梁在相互回转时形成挤压，由于岩块间的水平力及相互间摩擦力的作用，形成梁式的"砌体梁"结构，其结构模型和力学模型分别如图1-4、图1-5所示。"砌体梁"结构模型将采场上覆岩层自上而下划分为弯曲下沉带、裂隙带和垮落带，在沿工作面推进方向上划分为重新压实区、应力降低区、超前应力支撑区及原岩应力区。该理论为采场初次来压步距、周期来压步距的预测和回采工作面顶板支护提供了理论依据，为我国矿业科学技术发展做出了重要贡献。

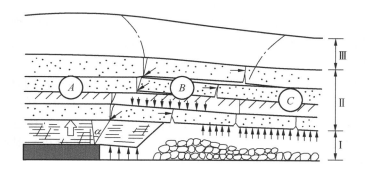

图1-4　砌体梁理论结构模型

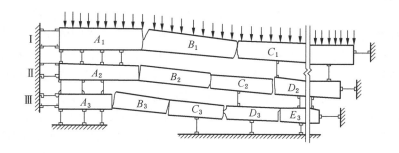

图1-5　砌体梁理论力学模型

王家臣教授等针对浅埋薄基岩回采工作面顶板沿煤壁整体切落的异常矿压现象，应用最小势能原理，分析了破断岩块随其高长比增大失稳形式的差异：水平挤压力变化曲线斜率随破断岩块高长比的增大而减小，铰接面高度变化斜率增大导致铰接结构达到极限平衡位置所需回转角度增大，从而更易引发破断岩块的滑落失稳。合理解释了浅埋薄基岩条件下高强度开采工作面顶板大范围台阶下沉的机理，提出了确定支架合理工作阻力的动载荷法。

石平五教授通过论述急倾斜煤层开采顶板破断及来压的复杂性，认为随着岩层倾角的变化，基本顶沿轴向的奋力使其沿倾斜方向的受力不均，急倾斜煤层冒落矸石向下部充填的特征及急倾斜煤层的特殊地质及开采条件使基本顶很难形成"砌体梁"结构，而急倾斜长壁开采工作面顶板破断和空间结构有其独有的特征，冒落矸石的充填作用对顶板破断规律的影响不容忽视。石平五教授在对大量现场实测资料总结的基础上，应用大倾角倾斜板力学模型分析了急倾斜煤层顶板破断、来压及应力分布特征，结果表明随充填高度密实程度的增加，最大挠曲点有向上变化的趋势，说明在急倾斜煤层开采过程中顶板变形破断呈现出较明显的周期性变化，随着工作面的推进，沿倾斜方向形成二次结构是急倾斜煤层顶板结构的主要特点。

黄庆享在对采基本顶初次来压和浅埋煤层周期来压顶板结构的分析后，认为基本顶岩块铰合、回转直至触矸对采场的影响各不相同。通过对触矸前后基本顶岩块的受力分析，提出了初次来压基本顶岩块结构的"S-R"稳定条件。通过对基本顶周期来压中"短砌体梁"和"台阶岩梁"结构的分析，揭示了来压明显和顶板台阶下沉的机理。

侯忠杰通过分析砌体梁结构岩块平衡的几何条件，认为岩块厚度与长度比接近1的"短砌体梁"不符合"砌体梁"中"岩块长度与厚度比大于2的先决条件，因此，"短砌体梁"的概念与"砌体梁"理论存在矛盾；而"台阶岩梁"的力学模型中存在自相矛盾的近似，不恰当地应用了"砌体梁"理论的结论。

霍振奇结合邢台煤矿7601工作面的具体条件，通过"砌体梁"理论力学计算分析结果与现场实测数据的对比，认为"砌体梁"理论没有详细地考虑支架与直接顶的相互作用关系，事实上掩护式支架或支撑掩护式支架会使直接顶产生向煤壁内的水平推力，支架控制直接顶的支撑力并不一定等于控顶区内直接顶的全部自重；由于基本顶断裂位置一般在煤壁内，此时煤壁仍有一定的支撑作用，这种支撑作用随工作面的推进不断发生变化，因此"砌体梁"平衡结构所需附加支撑力按照周期来压时的瞬时状态计算显然不太妥当；"砌体梁"理论没有考虑附加支撑力的作用位置对支架受力的影响。

2."传递岩梁"理论

20世纪70、80年代，为预防煤矿冒顶、煤与瓦斯突出及冲击地压等煤矿重大灾害事故，在总结多年矿井实践经验的基础上，中国科学院院士宋振骐教授提出了以采场岩层运动为中心、矿压预测预报技术装备为手段进行岩层控制的"传递岩梁"理论，建立和完善了"实用矿山压力与控制"技术体系，进一步解释了采场上覆岩层压力传递路径，分析了高应力区矿压的分布方式，发现区内存在内外应力场。该理论认为，采场支架可以改变岩梁的位态，即在一定顶板条件下，顶板下沉量与采场支护反力的乘积为一常数，调节采场支护强度可以改变采场的顶板下沉量。因此，现场可根据实测顶板下沉量和支护阻力作为依据，通过增大或缩小支架的初撑力，改变采场矿压显现。

1979 年，宋振骐院士依据开滦赵各庄矿覆岩钻孔观测资料，首次论述"传递岩梁"的基本属性，1981 年在美国 Morgantown 召开的第一届国际岩层控制大会做了报告，并于 1981 年 8 月 21 日在我国"第一届煤矿采场矿压理论与实践讨论会上"做报告，得到专家的普遍认可。1982 年在《山东矿业学院学报》发表了关于"采场支撑压力的显现规律及其应用"的文章，"传递岩梁"理论正式形成。

传递岩梁理论认为，随着回采工作的推进，基本顶进行周期性断裂，并形成一端由工作面前方煤体支承，另一端由采空区矸石支承的岩梁结构，其始终在推进方向上保持传递力的联系，即把顶板作用力传递到前方煤体或后方采空区矸石上，此结构基本顶称为"传递岩梁"，其结构模型和力学模型分别如图 1−6、图 1−7 所示。

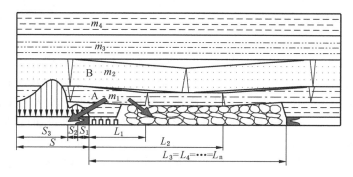

A—第一层传递岩梁；B—第二层传递岩梁

图 1−6 "传递岩梁"理论结构模型

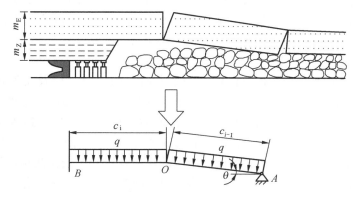

图 1−7 "传递岩梁"理论力学模型

"传递岩梁"理论强调顶板运动状态对所需支护强度的影响，以及变形运动状态对煤体应力分布及采场支护结构的影响。该理论进一步解释了采场上覆岩层压力传递路径，分析了高应力区内存在内外应力场，提出了在应力值较低的内应力场范围内掘进工作面巷道并留设小煤柱护巷，大大减少了巷道压力，减少了煤炭资源浪费。该理论提出了顶板控制设计方法，即通过位态方程确定顶板支护强度。传递岩梁理论与实际紧密结合，为提高煤炭回收率做出了重要贡献。

卢国志、汤建泉等依据"传递岩梁"理论，对岩梁初次断裂与初次来压步距进行了差异化分析，发现影响两者的因素并不完全相同：岩梁初次断裂步距是受岩梁结构、覆岩运动状态等影响的力学参量，而初次来压步距除受岩梁初次断裂步距的影响外还有与工作面的支护强度、推进速度、采高等参数密切相关的工程参量。通过对各个参量建立力学模型，把相关的影响因素融入传递岩梁周期运动方程中，通过现场实践验证了其准确性。

宋正阳基于"传递岩梁理论"建立了基本顶 – 支架的力学模型，改进和优化了原有的周期来压公式，得到了周期来压步距受回采工作面液压支架工作阻力影响的结论。

王世炫基于"传递岩梁"理论和经典矿压显现经验公式，通过理论分析、现场监测等手段，对张集煤矿 1611（3）大采高工作面顶板来压步距进行了预测，验证了其预测的准确性。结果表明：随着工作面推进速度的增大，工作面周期来压步距略有增大，围岩应力演化及其变形破坏随着工作面推进速度的改变表现出显著的时间效应，加快推进速度对工作面的回采和工作面顶板岩层的控制有利。

文志杰则以"以岩层运动为中心"的"实用矿山压力与控制理论"为基础，对采场影响矿压显现的岩层范围和应力场进行了细致研究，进一步完善了采场岩层结构的力学模型。并将工作面推进过程中上覆岩层结构及应力场划分为纵向结构和横向结构两种形式，分别通过结构模型和应力场分布的研究，确定了影响采场结构模型状态的影响因素。基于"拱结构"理论，分别讨论了不同岩层组合形式下的"应力拱"形态，揭示了不同岩层组合下"应力拱"的空间形态。

3. 岩板理论

由于"砌体梁"结构仅仅体现了一个方向上的上覆岩层及支架运动、受力的情况，不能体现四边固支或简支情形下采场覆岩受力及运动的变形、回转及失稳过程，且在"砌体梁"力学模型中工作面后方砌体梁结构的边界条件有待进行更深入的研究，因此，"砌体梁"结构在实际工程应用中存在一定的局限性。改革开放以来，随着矿压及岩层控制理论的快速发展和采场预测预报技术及装备水平的提高，国内外学者及工程技术人员对采场基本顶断裂和工作面来压有了更客观的认识。

1986 年，钱鸣高院士、朱德仁教授在 Winkler 弹性基础上 Kirchhoff 板力学模型的基础上，采用"板"代替"梁"的假设条件，研究了四周固支、三边固支及一边简支、两边固支及两边简支、一边固支及三边简支的支撑条件下，基本顶岩层的初次破断形式及断裂裂纹演化过程，通过对模型实验、计算机模拟及现场监测等数据的分析，把基本顶断裂形式分为横 X 型、X 型和竖 X 型破坏，并通过试验证明只有当基本顶发生横 X 型破坏时，工作面中部才能够采用"砌体梁"理论研究矿山压力，而对其他情况则必须采用"板"的破坏理论对采场矿山压力进行研究，极大地推动了基本顶破断规律的深入研究。

何富连教授在薄板理论的基础上，通过相似模拟实验以及大量的现场实测资料建立了基本顶破断的力学模型，对其边界条件、破断准则、求解方法等进行了系统研究，简化了基本顶来压步距的计算过程，提高了来压步距和来压强度的计算精度。2017 年，基于薄板理论，何富连教授建立了弹性基础边界条件弹性薄板力学模型，提出了基本顶薄板初次破断的 KDL 效应，即弹性基础边界时基本顶的初次破断规律由弹性基础系数 K、跨度 L 和基本顶刚度 D 复合决定，得到了基本顶初次破断的 KDL 效应规律。

贾喜荣教授在 1982—1993 年在对大量采场顶板断裂及工作面支撑压力观测、分析的基础上，逐渐建立了一种采场矿压计算方法——薄板矿压理论。该理论把断裂前的采场基本顶视为弹性薄板，断裂后的采场基本顶视为铰接板。该理论把基本顶初次断裂分为单向板和双向板两种不同的工作状态，揭示了采场坚硬顶板基本顶初次断裂多属于双向板工作状态。通过计算分析，解释了工程实际中工作面初次来压滞后基本顶初次垮落的客观事实，并根据铰接板结构力学模型分析对滞后距离进行了定量计算，得到了基本顶初次垮落滞后工作面初次来压距离基本顶二次断裂步距的重要结论。贾喜荣教授根据弹性薄板理论开发出一套软件，通过采场围岩参数计算工作面初次来压步距、来压强度、基本顶初次断裂步距、二次断裂步距、周期断裂步距及支架初撑力和工作阻力等。在阳泉南庄煤矿 8602 综放工作面验证了理论可行性。弹性薄板理论提出以来，先后在全国 60 多个矿井进行了现场试验，理论计算结果得到了现场工程实际数据的有效验证，为采场矿压及岩层控制的研究和现场支护设计与生产管理提供了借鉴。

秦广鹏以夏阔坦煤矿 1007 工作面无直接顶坚硬厚砂岩条件为工程背景，在弹性薄板理论的基础上建立了坚硬厚砂岩顶板两边固支一边简支一边自由薄板力学模型，通过对该条件下薄板应力分布特征的分析，提出对双硬厚砂岩下位岩层实施深孔预裂和上位厚砂岩拉槽截断深孔爆破综合弱化技术，经过现场试验，取得了满意的效果。

宿成建、叶明亮运用薄板理论对白腊坪煤矿薄煤层坚硬顶板在不同支撑条件下的应力分布规律进行了详细分析，并依据最大拉应力强度理论建立了薄煤层坚硬顶板条件下顶板初次来压和周期来压步距的计算式，在白腊坪煤矿0318工作面得到了验证，为薄煤层顶板来压步距的计算和预测提供了借鉴。

顾伟等基于弹性薄板模型将应用特殊材料开放式充填工作面顶板简化为四边固支、三边固支一边简支、两边固支两边简支、一边固支三边简支及四边简支5类弹性薄板，研究分析了弹性薄板最大弯矩与推进距离之间的关系，为水材料开放式充填开采工作面开采宽度及工作面的布设方式设计提供依据。

屠洪盛等基于弹性薄板理论，在考虑顶板上覆岩层和下放充填矸石的条件下建立了急倾斜工作面顶板受力力学模型，分析了顶板在急倾斜煤层条件下的挠曲变形。根据龙煤集团七台河煤矿急倾斜煤层工作面的实际工程地质条件，计算了顶板受力变形最大挠度点及最大变形量，提出急倾斜煤层工作面顶板破断方式为U型破断，并在实际工程中得到了验证。

王红卫根据顶板岩层存在多组不同类型结构面的力学特征，将关键层划分为沿工作面方向结构面分割成的一系列矩形岩板，从而建立弹性薄板组的力学模型。分析了工作面顶板破断过程，合理解释了工作面中部支架工作阻力大于端部支架工作阻力的现象。

4. 关键层理论

1996年，钱鸣高院士首次提出了采场上覆岩层活动中的关键层理论，对关键层的几何特征、岩性特性、变形特征、破断特征和支撑特征进行了详细的论述，建立了关键层的判别准则，深入研究了在关键层作用下岩层的变形、离层及断裂规律。根据关键层的作用特性，为采场岩层移动和采场矿压研究提供了一种全新的思想和方法。

缪协兴教授等在对采场岩层运动发展客观过程的基础上，对采场复合关键层进行了深入的研究，揭示了复合关键层形成的机理、力学条件，建立了采场覆岩中复合关键层的判别方法，促进和丰富了关键层理论。与此同时，缪协兴教授在关键层理论的基础上，以现场特厚坚硬关键层为工程背景，对厚关键层的破断和垮落规律展开了研究，发现了厚关键层与长梁矿压理论在破断、垮落规律等方面存在的根本差异，揭示了厚关键层来压的多样性和随机性，为实际类似条件下的采矿设计和岩层控制提供了理论依据。2007年，缪协兴教授提出了隔水关键层的概念，即工作面回采后结构关键层不破断时该关键层就起到隔水的作用，建立了复合隔水关键层的力学模型，对不同岩层组合形式的关键层进行了隔水能力判定，为保水开采和煤矿绿色开采技术提供了有益思路。

许家林教授等在关键层理论的基础上，建立了关键层位置判别的实用方法，首次建立了相邻硬岩层同步破断的理论判式，分析了影响相邻两硬岩层破断顺序的主要因素。

黄庆享教授以大柳塔煤矿为工程背景，研究了厚沙土层在关键层上的载荷传递因子，通过动载荷下的相似模拟实验，再现了顶板关键块的演化过程，揭示了周期来压期间二次"卸荷拱"的载荷传递机理，并在太沙基土压力原理的基础上建立了修正的普氏拱模型。

茅献彪教授通过对采场覆岩主关键层和亚关键层几何力学特性及承载性能的分析，研究了主关键层和亚关键层承载性能和破断规律随关键层间距和上下关键层厚度的变化规律，揭示了坚硬岩层之间的复合效应。

张吉雄等通过对比分析传统综采和充填综采覆岩变形规律，建立了矸石充填下采场覆岩关键层力学模型，研究了充填材料弹性模量与关键层挠度之间的变化关系，证实了矸石充填具有限定关键层的变形、控制地表沉陷的作用。林海飞等基于弹性薄板理论，应用结构塑性极限分析方法，建立了关键层变形协调和强度判别条件，通过相似模拟实验进行了验证。

5. 砌体梁结构的"S－R"稳定理论

1994 年，钱鸣高院士提出了"砌体梁"结构的"S－R"稳定理论，回答了采场覆岩能否形成"砌体梁"结构，这一对采场支护及岩层控制至关重要的科学问题，分析了对"砌体梁"结构起主要控制作用的关键块的失稳形式，即滑落失稳（S）和回转变形失稳（R），深化和完善了采场覆岩力学模型，深入分析了支架的工作状态，提出了较为完整的采场矿山压力力学模型，修正了支架受力与采高成正比的传统观念。

防止滑落失稳的表达式为

$$h + h_1 \leqslant \frac{\sigma_c}{30\rho g} \left(\tan\varphi + \frac{3}{4}\sin\theta_1 \right)^2 \tag{1-1}$$

防止回转变形失稳的条件为

$$h + h_1 \leqslant \frac{0.15\sigma_c}{30\rho g} \left(i^2 - \frac{3}{2}i\sin\theta_1 + \frac{1}{2}\sin^2\theta_1 \right) \tag{1-2}$$

1.3 近距离煤层开采存在的主要问题

综上所述，国内外学者对采场覆岩结构及其运动规律、采场矿压与岩层控制及巷道围岩稳定性控制等展开了深入研究，为煤炭绿色安全高效开采奠定了坚实的理论基础。对于近距离煤层覆岩结构及运动规律、近距离煤层下部煤层开采矿压显现规律及支架－围岩的相互作用、近距离煤层上下同采工作面合理错距、近距离煤层下部煤层开采回采巷道布置、近距离煤层开采围岩裂隙动态演化等方面的研究，为近距离煤层开采的研究工作指明了方向，然而，相比单一煤层的研究成果，近距离煤层开采的研究成果还比较少。由于我国煤炭储量丰富，地域辽阔，煤层赋存环境复杂，近距离煤层开采的研究在某些方面还存在不足和空白。主要存在的问题有：对于多重采动影响下的覆岩结构及其运动规律缺乏系统的研究。虽然近距离煤层开采覆岩结构及其运动规律已取得了一些有益的研究成果，然而对于下层煤开采过程中覆岩结构的动态变化、极限平衡条件及其与工作面支架工作阻力间的相互作用关系仍需更深入的研究。在现有的研究成果中，多数认为层间岩层结构和组成对下煤层工作面矿压有很大影响，忽视了上煤层覆岩结构稳定性对下煤层采场矿压的重要作用。因此，有必要在传统矿压及岩层控制理论的基础上，对多重采动影响下的覆岩结构及其运动规律开展更为系统、全面的研究。

2 近距离煤层开采分类及覆岩运动主控因素分析

2.1 近距离煤层开采主要分类

近距离煤层开采技术已在我国得到广泛应用,《煤矿安全规程》将近距离煤层定义为"煤层群层间距离较小,开采时相互有较大影响的煤层"。现有近距离煤层开采的方法大致可分为 3 类,即近距离煤层上行开采、近距离煤层下行开采及近距离煤层合层开采。

1. 近距离煤层上行开采

一般情况下近距离煤层采用下行开采的方式,在特殊的地质和煤层赋存条件下,缓倾斜和倾斜煤层也可采用上行开采的方式。上行开采最大的优点在于,当下部煤层先于上部煤层开采后,上部煤层的围岩应力得到释放,工作面及巷道围岩应力减小,便于巷道围岩维护,冲击地压及煤与瓦斯等灾害发生的可能性大大降低。传统近距离煤层开采理论把相邻煤层层间距和下部煤层采高作为上行开采的主要技术指标,目前,煤层群是否能够进行上行开采的判别方法主要包括工程类比法、数理统计法、采动影响倍数、围岩平衡法、"三带"判别法等,这些方法都给出了相应的判别基本准则。以上各种判别方法均是通过判断下煤层开采后上部煤层围岩的完整性和连续性是否遭到破坏及破坏程度来确定是否能够进行上行开采。一般认为,当上煤层位于下煤层开采的垮落带上方,且下煤层开采时对上煤层的完整性和破坏程度影响不大时可进行上行开采。然而,大量的工程实践表明,即使上部煤层处于下部煤层的垮落带上方,在上部煤层回采巷道掘进的过程中巷道围岩变形破坏的情况也时有发生;受采动影响,上部煤层开采过程中,在超前支撑压力影响区内,工作面巷道变形严重,维护困难;由于国内外近距离煤层开采时采用上行开采顺序的研究相对较少,上部煤层围岩的完整性和连续性的破坏程度判别标准存在较大差异,尚没有统一的意见。因此,在我国近距离煤层开采中,多数采用下行开采的方式。

2. 近距离煤层下行开采

覆岩结构及运动规律、顶板岩层岩石力学性质及岩层控制是采场矿压研究的三大主题。国内外学者对于单一煤层开采采场矿压的研究也主要围绕上述三个方面开展并取得了大量研究成果，为采场矿压研究和现场工程实践科学设计奠定了坚实的基础。由于传统采场矿压理论的成熟发展和近距离煤层下行开采的诸多优势，我国近距离煤层开采多采用下行顺序开采的方法。然而，由于下部煤层开采时其临近上部煤层已经开采完毕，其上覆岩层中包括采空区，下煤层开采过程中采场围岩受多次采动应力的影响，采场矿压显现与单一煤层开采具有显著差异。目前，按照近距离煤层层间是否存在关键层可将近距离煤层开采划分为层间含有关键层和层间不含关键层两大类，其中，层间不含关键层的情况又可分为上煤层处于下煤层垮落带内和上煤层处于下煤层垮落带上部两种情况。由此可见，近距离煤层下行开采时，临近煤层层间距及覆岩结构是下行开采中不容忽视的关键参数。

3. 近距离煤层合层开采

近距离煤层合层开采是在保证下煤层开采对上煤层围岩完整性和连续性的条件下，上下煤层工作面保持一定错距同时进行开采的开采方法。按照开采的时间顺序来讲，近距离煤层上下协同开采应属于下行开采的范畴。然而，按照空间和关键技术上来讲，合层开采又与下行开采存在显著差异。然而，与下行开采不同的是，合层开采时下煤层在什么时候开采，上下工作面的合理错距怎么确定，上下煤层工作面的推进速度如何协调等问题是主要的研究内容。近距离煤层开采技术的关键是采场覆岩结构运动规律和围岩控制技术，采场围岩能否得到成功控制是同采面生产能否正常进行的前提。然而，由于地质构造、结构面等在采场岩层中普遍存在，覆岩结构的运动在时间和空间上具有随机性，因此，合理错距、上下协同开采的技术参数很难准确掌握。

2.2 近距离煤层开采主控因素分析

在岩石力学与采矿工程中，为了分析、评价工程岩体稳定性以及为岩土工程建设的勘察、设计和施工提供必要的依据，人们在工程实践的基础上建立了一些岩体分类方法。按岩石的单轴抗压强度 σ_c 把岩石分为极硬、很硬、坚硬、较硬、普通、较软、软层、松软八类；按岩石质量指标（RQD）进行分类，把坚固完整的、长度大于等于 10 cm 的岩芯总长度与钻孔长度的比（RQD）作为分类标准形成了岩石工程分级（Ⅰ—极好的、Ⅱ—好的、Ⅲ—中等的、Ⅳ—差的和 Ⅴ—极差的）；按岩体内弹性波速变化把岩体分为五类（以龟裂系数 K_v 为分类指标）或按弹性波在各类岩体中的传播特性把岩体分为块状结构、层状结构、碎裂结构及散体结构（中科院地质所）或按弹性波在岩体中的波速将隧道围岩分为六类（1969 年，日本池田和彦）；按岩体的地质力学性质分类（RMR），将岩石抗压强度、RQD 指标、节理间距、节理状态、地下水和节理方向对工程的影响等指标考虑在内（1973，毕昂斯基）；按岩体质量分类的 Q 值分类法 1974 年由巴顿提出，把 RQD 指标、岩体节理组数、节理粗糙系数、节理蚀变系数、节理水折减系数及应力折减系数等考虑在内；我国工程岩体通过计算岩体基本质量（BQ）分级（考虑 σ_c 和 K_v）和岩体稳定性分级，将工程岩体分为 5 级进行评价。在缓倾斜煤层采煤工作面顶板分类标准中，按照岩性、节理裂隙、分层厚度、岩石单轴抗压强度、等效抗弯能力及综合弱化长梁将工作面直接顶分为不稳定、中等稳定、稳定、非常稳定四类，并在煤矿顶板管理、设计、施工及相关研究中得到广泛应用。

近距离煤层开采中，影响采场矿压及围岩变形破坏的因素复杂，为便于进行近距离煤层开采研究和推动近距离煤层开采技术在工程实践中的广泛应用。本书分别从下煤层工作面和回采巷道主要灾害类别出发，对影响近距离煤层开采的诸多因素进行梳理，以期找到对近距离煤层开采有显著影响的关键参数。

1. 近距离煤层下煤层工作面

在近距离煤层开采的过程中，工作面支架压架、台阶下沉、漏顶及煤壁片帮等灾害时有发生，综合分析，下煤层工作面矿压显现和工作面顶板控制是灾害发生的主要原因，而下煤层上覆岩层结构和运动规律的研究是工作面矿压显现和顶板控制的先决条件。近距离煤层开采中，下煤层上覆岩层运动规律不仅受埋深、上煤层顶板及覆岩结构的影响，而且上下煤层间的岩层结构也是不容忽视的因素之一。已有的工程实践资料表明，下煤层的煤层厚度和倾角、上下煤层层间距、下煤层顶底板围岩力学性质及其组合都对上下煤层间的岩层结构有重要影响，影响因素分析如图 2-1 所示。从近距离煤层开采覆岩结构系统上说，上煤层顶板及覆岩结构是下煤层覆岩结构中的一个组成部分，因此，上煤层覆岩结构同样对下煤层开采中的覆岩结构与运动规律有重要影响。通常，近距离煤层开采多选用下行开采的方式，当上煤层开采时，下煤层工作面还未回采，因此可将上煤层工作面的回采过程看作是单一煤层的开采，其顶板及覆岩结构受煤层厚度和倾角、工作面长度、上煤层顶板岩层力学性质及组合等因素影响。因此，在研究近距离煤层开采工作面矿压时，下部煤层厚度、上下煤层层间距、下煤层顶底板岩层力学性质及组合是影响近距离煤层开采工作面矿压的关键因素。

2. 下煤层工作面回采巷道

近距离煤层开采中，下煤层工作面回采巷道围岩稳定性在掘进至服务终止全过程受多种因素影响，冒顶塌方、巷道围岩大变形、冲击地压、煤壁片帮等灾害给矿井安全生产造成很大的危害。处于采场覆岩大结构下的回采巷道必然受到上覆岩层结构和运动规律的影响，但巷道所处位置、巷道围岩结构及支护技术同样

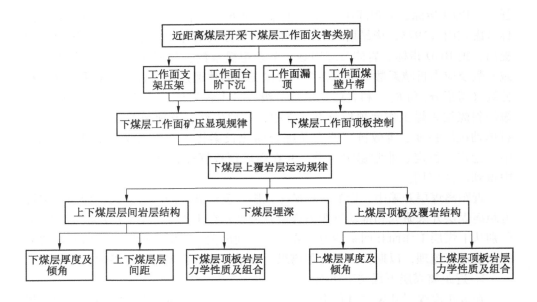

图 2-1 近距离煤层开采工作面影响因素分析

是在研究下煤层工作面巷道围岩稳定性控制中需要考虑的因素，而上煤层煤柱尺寸的选择、上下煤层层间距和巷道围岩的力学性质是研究巷道围岩稳定性的基础参数。近距离煤层开采回采巷道稳定性因素分析如图 2-2 所示。

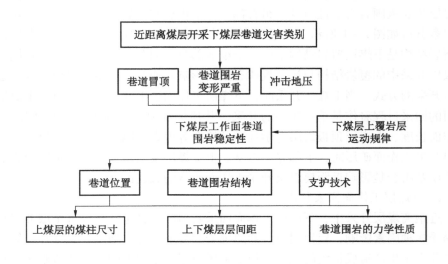

图 2-2 近距离煤层开采回采巷道稳定性因素分析

综上所述，无论是上行开采还是下行开采或是合层协同开采，上煤层覆岩结构及稳定性和层间岩层结构及性质是近距离煤层开采中对工作面矿压显现和回采巷道稳定性最关键的影响因素。

2.3 近距离煤层开采影响因素实例分析

由前述可知，无论上下煤层间是否存在关键层，均会造成上煤层已稳定覆岩结构的再次变化，而这种变化可能导致上煤层覆岩原有关键层结构的失稳，使原关键层结构上位岩层断裂形成新的承载结构，从而对下煤层工作面矿压显现产生影响，只不过当上下煤层间存在关键层时，下煤层工作面的矿压显现有差异。

本章将近距离煤层开采分为根据下煤层开采对上煤层已稳定砌体梁结构的影响程度的不同将近距离煤层开采分为下煤层工作面回采期间上煤层砌体梁结构不失稳（Ⅰ类）、上煤层砌体梁结构失稳（Ⅱ类）两种类别。当下煤层的开采不会引起上煤层砌体梁结构失稳时，虽然上煤层已经稳定的覆岩结构将在下煤层开采的影响下继续运动，但由于上煤层关键层岩块的回转空间非常有限，所以不会发生失稳，垮落带高度不会继续向上发展，只是其承载性能有所减小，此时，下煤层工作面矿压显现比较缓和，工作面支架承载的是垮落带岩柱和关键层稳定所需的附加载荷（图2-3）；当下煤层的开采造成上煤层砌体梁结构发生失稳时，上煤层已经稳定的覆岩结构必将在下煤层开采的影响下继续运动，当满足"S-R"失稳条件时将发生失稳，上煤层垮落带高度增大，原上煤层关键层岩块的失稳和新形成的垮落带上部关键层的运动规律造成了下煤层工作面矿压的显现和采场应力的分布规律，此时，下煤层工作面矿压显现剧烈，工作面支架承载的是新形成的垮落带岩柱和新关键层稳定所需的附加载荷（图2-4）。因此，下煤层开采期间上煤层覆岩结构及运动规律是研究的重点。

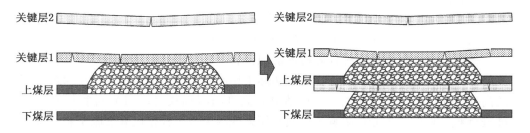

图2-3 下煤层垮落带高度小于层间距时覆岩结构

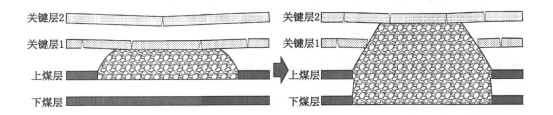

关键层2

关键层1

上煤层

下煤层

关键层2

关键层1

上煤层

下煤层

图2-4 下煤层垮落带大于层间距时覆岩结构

假设垮落带最大高度为充填满采空区，则垮落带的最大高度为

$$H_{\mathrm{M}} = \frac{M}{K_{\mathrm{p}} - 1} \tag{2-1}$$

式中，M 为采高，m；K_{p} 为顶板岩层的碎胀系数；H_{M} 为顶板的最大垮落高度。

按照全国矿区的实测统计，中硬顶板条件下的垮落带高度为

$$H_{\mathrm{M}} = \frac{100 \sum M}{4.7 \sum M + 19} \pm 2.2 \tag{2-2}$$

其中，$\sum M$ 为累计采高，m。

令 $M = \sum M$，则联立式（2-1）和式（2-2）可得垮落岩层的碎胀系数，即

$$K_{\mathrm{p}} = \frac{4.7 \left(\sum M \right)^2 + 19 \sum M}{(100 \pm 10.34) \sum M \pm 41.8} \tag{2-3}$$

一般情况下，岩石的容重为 $2.6\ \mathrm{t/m^3}$，因此，通过垮落矸石的碎胀系数可知垮落矸石的容重应为

$$\gamma' = \gamma \tag{2-4}$$

式中，γ' 为垮落矸石容重；γ 为垮落前顶板岩层的容重。

根据以上分析，可通过计算垮落前顶板岩层容重得到垮落矸石容重，根据实测的工作面支架工作阻力可计算得到实际工作面支架承受的载荷相当于垮落矸石的高度，通过将支架载荷相当于垮落矸石高度与根据式（2-1）计算垮落带高度进行对比来进一步分析影响工作面矿压显现的因素。根据已有文献资料，选取了部分煤矿近距离煤层开采条件下的数据进行对比（表2-1）。

从表2-1可知，当下煤层的开采造成上煤层关键层结构失稳时，下煤层工作面支架承载的岩柱高度往往大于上下煤层计算垮落带内岩柱的高度之和，如木

瓜煤矿 10 号煤，上煤层厚度为 1.9 m，下煤层厚度为 2.83 m，下煤层直接顶为 3.02 m 的粗砂岩，其上为 6.94 m 的粉砂岩，距上煤层顶板 15.82 m 存在 7.83 m 的石灰岩，该岩层为上煤层关键层，上下煤层计算垮落带高度为 13.67，经现场监测，工作面支架受力相当于 13.8 m 的垮落矸石岩柱高度；再如石圪台煤矿 3-1-2 煤，计算垮落带高度为 14.62 m，而现场监测工作面支架承受载荷相当于垮落矸石岩柱高度为 21.69，远大于垮落带高度的岩石重量；又如新阳煤矿 102 工作面，上煤层厚度为 1.43 m，下煤层厚度为 7.3 m，是典型的上薄下厚近距离煤层，且平均层间距仅 0.5 m，层间岩层为泥岩，下煤层开采时工作面支架承受载荷相当于 19.6 m 垮落矸石高度，大于计算垮落带高度 16.74 m。当下煤层的开采不会造成上煤层关键层结构失稳时，工作面支架承载的岩柱高度一般小于累计计算垮落带范围，而工作面支架受力与该岩层所处的位置和厚度密切相关，

表 2-1　近距离煤层开采工作面矿压规律实例

名　称	平均埋深/m	上下煤层平均厚度/m	平均层间距/m	层间岩性	上煤层关键层	计算碎胀系数	垮落矸石容重/(t·m⁻³)	计算垮落高度/m	支架承受岩柱高度/m
石圪台煤矿 3-1-2 煤	70.46	上 2.72 下 2.95	4.79	砂泥与细砂互层	距煤层顶板 29 m 存在 13 m 细砂及沙砾岩	1.38	1.88	14.62	21.69
木瓜煤矿 10 号煤	297.12	上 1.9 下 2.83	9.96	直接顶为 3.02 m 粗砂岩，上部为 6.94 m 的粉砂岩	距煤层顶板 15.82 m 存在 7.83 m 石灰岩	1.35	1.93	13.67	13.80
王村煤矿 11-2 号煤 8407 工作面	110～160	上 3.33 下 2.5	3.5	细砂岩	距煤层顶板 5 m 存在 23 m 细、中粒砂岩	1.39	1.87	14.76	8.90
新阳煤矿 102 工作面		上 1.43 下 7.3	0.5	泥岩	距煤层顶板 21.88 m 存在 11.72 m 泥岩，其上 13.21 m 有 9.26 m 的石灰岩	1.52	1.71	16.74	19.60
补连塔煤矿 32301 工作面	246.87	上 5.59 下 7.1 采高 6.1	43.52	细砂、粉砂、中砂	距煤层顶板 62.16 m 存在 31.86 m 粉砂岩，35.59 m 处存在 16.72 m 粉砂岩	1.65	1.58	18.01	7.29

如表2-1中的王村煤矿11-2号煤8407工作面开采条件,上煤层厚度为3.33 m,下煤层厚度为2.5 m,平均层间距为3.5 m,距上煤层顶板5 m处存在23 m厚的细及中粒砂岩,计算垮落带高度为14.76 m,而实际上下煤层开采时工作面支架承受载荷仅相当于垮落矸石柱高度8.9 m,虽然在厚细及中粒砂岩下有很大的回转空间,但由于细及中粒砂岩厚达23 m,本身完整性较好,因此,下煤层的开采并未造成上煤层关键层结构的失稳,覆岩几乎全部载荷由该关键层承担,再如补连塔煤矿32301工作面,上煤层厚5.59 m,下煤层厚7.1 m,层间距43.52 m,层间岩层多为完整性较好的细砂岩、粉砂岩和中砂岩,计算垮落带高度为18.01 m,而下煤层开采时工作面支架实际受载仅相当于垮落矸石岩柱高度7.29 m,这是因为层间岩层存在关键层结构,关键层结构承担了上覆岩层的全部或部分载荷,从而使得下煤层采场矿压较小。

综合以上分析,根据下煤层开采对上煤层关键层结构的影响程度可将近距离煤层开采分为下煤层开采不造成上煤层关键层结构的失稳(Ⅰ类)、下煤层开采导致上煤层关键层结构失稳(Ⅱ类)两种类型,在每个类别中又根据下煤层工作面回采期间覆岩结构组合形式将其划分为ⅠA型和ⅠB型、ⅡA型和ⅡB型(图2-5)。

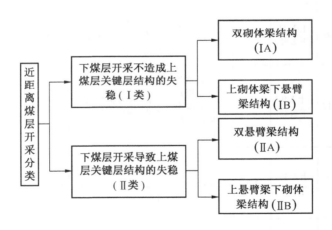

图2-5　近距离煤层开采分类

由图2-5可知,当下煤层工作面的回采不会造成上煤层关键层结构失稳时,下煤层工作面回采后,采空区垮落矸石能及时充填采空区,限制了上煤层砌体梁结构的回转变形空间,当层间岩层强度较高,下煤层采空区顶板垮落矸石能够对工作面顶板岩层进行有效支撑,为下煤层工作面顶板砌体梁结构的形成创造了条件，因此就形成了双砌体梁结构，即ⅠA型；当层间岩层强度较小时，工作面顶板随采随冒，采空区垮落矸石未能及时充填采空区，下煤层工作面顶板就形成了悬臂梁结构，而由于距下煤层工作面较远处层间岩层的垮落仍能充填满采空区，上煤层砌体梁结构只是发生了一定程度的回转变形，并不会造成上煤层砌体梁结构的失稳，因此就形成了上砌体梁下悬臂梁结构，即ⅠB型。当下煤层工作面的回采导致上煤层关键层结构失稳时，下煤层工作面回采后，采空区垮落矸石不能及时充填采空区，为上煤层砌体梁结构的回转变形形成了较大的空间，导致了上煤层砌体梁结构的再次断裂失稳，上煤层砌体梁结构就转化为悬臂梁结构，由于层间岩层厚度较小，下煤层采空区顶板垮落矸石不能对下煤层工作面顶板岩层进行支撑，下煤层工作面顶板也形成了悬臂梁结构，因此就形成了双悬臂梁结构，即ⅡA型。一般而言，当层间岩层厚度较小时，无论层间岩层强度如何，上悬臂梁结构都会存在。当层间岩层具有一定厚度时，下煤层工作面采空区垮落矸石能及时充填采空区，下煤层工作面顶板在垮落矸石的支撑下形成了砌体梁结构，而当上煤层关键层结构恰好处于发生失稳的临界条件时，由于下煤层工作面的回采仍会导致上煤层关键层结构具有一定的回转空间，就造成了上煤层砌体梁结构的失稳，此时就形成了上悬臂梁下砌体梁结构模型，即ⅡB型。

总体来说，层间距较小时，下煤层工作面的回采极易形成双悬臂梁结构模型；层间距较大时，下煤层工作面的回采极易形成双砌体梁结构模型；当层间距处于两者之间、层间岩层性质满足一定条件时，易形成上砌体梁下悬臂梁或上悬臂梁下砌体梁结构。而当覆岩形成双悬臂梁结构时，下煤层工作面矿压显现将异常剧烈，因此双悬臂梁结构在近距离煤层开采中必须引起足够的重视。本书主要针对双悬臂梁和双砌体梁结构进行对比研究，研究不同层间距时，覆岩结构及运动规律对工作面矿压显现、采场应力分布及回采巷道变形机理等的影响。

3 近距离煤层开采覆岩结构力学模型及围岩变形机理

国内外学者对近距离煤层开采覆岩运动规律已进行了大量研究，取得了丰富的研究成果，但对近距离煤层开采的覆岩破坏规律及"三带"高度还缺乏现场的实测成果。近距离煤层群开采"三带"高度的确定对采场矿压分布和围岩控制均有重要影响，因此，本书认为下煤层开采时上煤层覆岩结构及运动规律是下煤层开采采场矿压显现的力源，从理论上对下煤层开采时上煤层覆岩结构、层间岩层结构及运动规律进行研究，这也是下煤层开采采场围岩控制的关键。因此，本章对下煤层开采时上煤层覆岩结构及运动规律，上煤层开采对下煤层顶板的损伤等开展理论分析，为后续研究中的室内试验、数值模拟及工业性试验提供理论基础。

在近距离煤层下行开采中，上部煤层开采后，其采场应力分布及覆岩结构与单一煤层相同：在采场内发生围岩应力的重新分布，形成应力增高区与应力降低区。由于区段煤柱及超前支撑压力的影响，上煤层开采过程及开采后形成的应力集中区将对上煤层底板造成一定的损伤，这种损伤将按照一定规律在上下煤层围岩间自上而下传递，直至衰减至原岩应力。当下煤层进行开采时，下煤层采场应力分布势必受到上煤层采场应力分布的影响，因而其采场的矿压显现与上煤层采场应力分布之间具有必然的联系。而且下煤层开采前，上煤层覆岩结构及应力分布已趋于稳定，在下煤层采动的剧烈影响下，上煤层覆岩结构必然重新发生变化，因此，在分析下煤层覆岩结构及运动规律时，上煤层覆岩结构的再次运动应当考虑在内。

由于工程地质条件的不同，上煤层覆岩结构的再次运动对上下煤层间岩层结构、断裂类型、采场应力分布及矿压显现的影响不尽相同。上煤层覆岩中可能不存在关键层，也可能存在关键层，可能存在单一关键层，也可能存在多层关键层，然而对下煤层采场矿压影响最大的应是上煤层垮落带上或附近的关键层（以下简称"上关键层1"）。当上煤层关键层位于上下煤层累计垮落带范围外时，下煤层开采形成的垮落带对上关键层1的稳定性影响不大，随着下煤层工作面的推进，上关键层1在垮落带散体结构的支撑下进入一个动态平衡的变化过程，直至达到新的平衡状态。然而，无论上关键层1是否为主关键层，当上煤层关键层位于上下煤层累计垮落带范围内时，下煤层开采形成的垮落带对上关键层

1 的稳定性势必造成剧烈影响，一旦上关键层 1 失稳，必将造成工作面的大面积剧烈来压，甚至导致顶板台阶下沉、冒顶、压架等事故的发生。根据下煤层开采对上煤层已稳定砌体梁结构影响程度的不同，将近距离煤层开采分为上煤层砌体梁结构不发生失稳（Ⅰ类）、上煤层砌体梁结构发生失稳（Ⅱ类）两种类别，在每个类别中又根据上覆岩层结构特征将其划分为ⅠA 型和ⅠB 型、ⅡA 型和ⅡB 型。本章将根据近距离煤层开采下的 4 种情况进行理论分析，开展不同类型下下煤层开采时覆岩结构及运动规律、采场矿压显现规律、围岩变形机理及其稳定性控制原则等的研究。如无特别说明，书中上下煤层的开采方法均为长壁开采，对工作面顶板采用全部垮落法进行管理。

本章针对近距离煤层长壁开采的条件，结合上煤层开采覆岩结构及应力分布规律，引用弹塑性理论、砌体梁理论及滑移线场理论，分析下煤层开采覆岩结构及运动演化规律，研究上煤层开采底板损伤范围，建立近距离煤层开采覆岩结构力学模型，为后续研究提供理论依据。

3.1 近距离煤层开采覆岩结构力学模型

3.1.1 顶板岩层的下沉和应力分布分析

大量的工程实践表明，工作面初期回采过程中，无论顶板岩层中是否存在关键层，顶板岩层均并非一次性全部垮落，而是先期一小部分裸露顶板先垮落，当工作面回采至一定距离后，相当厚度的岩层整体破断并垮落。在近距离煤层下煤层开采时，工作面顶板已受到上煤层回采过程中超前支撑压力的损伤破坏，不可否认顶板中存在相当数量的节理裂隙。然而，材料在物理意义上的连续性和在力学意义上的连续性是有差异的，已有文献的实验结果表明，岩体存在足够多的均匀结构面时，其在力学特性上会表现出很好的连续性，国外学者 E. Hoek 和 E. T. Brown 也认为把含有四组以上且性质相近的结构面岩体按照各向同性岩体来处理是合理的。通常认为，当板的几何特征满足 $\left(\dfrac{1}{80} \sim \dfrac{1}{100}\right) \leqslant \dfrac{h}{b} \leqslant \left(\dfrac{1}{5} \sim \dfrac{1}{8}\right)$（$h$ 为板的厚度，b 为板的短边长度）时，可把板看作是薄板。目前，随着煤炭开采技术和装备水平的大幅提升，工作面倾向长度因地质条件的不同一般可达 120 ~ 360 m，近距离煤层开采工作面的矿压显现规律表明，下煤层开采时顶板岩层初次破断距可达 40 ~ 60 m，周期破断距达 20 ~ 30 m，破断岩层的厚度一般较小，因此可把下煤层开采工作面顶板看作薄板进行处理。

在下煤层开采时，把工作面顶板近似看作是弹性薄板，以薄板在发生弯曲变形前水平方向的中间面作为 xy 坐标面，z 轴沿铅垂方向垂直向下，薄板厚度为 h（图 $3-1$）。由于板发生破断前，其沿 z 轴方向产生的挠度 $\omega(x, y)$ 相对于板的厚度来说要小得多，因此认为薄板中间面内各点在 x 和 y 方向的位移 u 和 v 是不存在的。基于"薄板变形后，原垂直于中间面的线段仍垂直于发生变形后的中间面"的假设，在离中间面为 z 的点，其位移 u 和 v 分别为

$$u = -z \frac{\partial \omega}{\partial x}, v = -z \frac{\partial \omega}{\partial y} \tag{3-1}$$

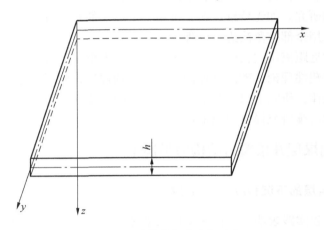

图 $3-1$　弹性薄板的坐标系统

于是各应变分别为

$$\left.\begin{aligned}
\varepsilon_x &= \frac{\partial u}{\partial x} = -\frac{\partial^2 \omega}{\partial x^2} \\
\varepsilon_y &= \frac{\partial u}{\partial y} = -\frac{\partial^2 \omega}{\partial y^2} \\
\gamma_{xy} &= \frac{\partial v}{\partial x} + \frac{\partial u}{\partial y} = -2z \frac{\partial^2 \omega}{\partial x \partial y}
\end{aligned}\right\} \tag{3-2}$$

基于薄板"作用于与中间面平行的诸截面内的正应力 σ_z 与横截面内的应力 σ_x、σ_x、τ_{xy} 等相比非常小，可忽略不计"的假设，由胡克定律可知：

$$\left.\begin{aligned}
\sigma_x &= -\frac{Ez}{1-\mu^2} \Big[\frac{\partial^2 \omega}{\partial x^2} + \mu \frac{\partial^2 \omega}{\partial y^2} \Big] \\
\sigma_y &= -\frac{Ez}{1-\mu^2} \Big[\frac{\partial^2 \omega}{\partial y^2} + \mu \frac{\partial^2 \omega}{\partial x^2} \Big] \\
\tau_{xy} &= -2Gz \frac{\partial^2 \omega}{\partial x \partial y}
\end{aligned}\right\} \tag{3-3}$$

式中，μ 为岩石的泊松比；G 为岩石的剪切模量，$C = \dfrac{E}{2(1+\mu)}$。

应力分量 τ_{zx} 和 τ_{zy} 可由平衡方程式（3-4）决定：

$$\left.\begin{aligned} \frac{\partial \sigma_x}{\partial x} + \frac{\partial y_z}{\partial y} + \frac{\partial \tau_{zx}}{\partial z} = 0 \\ \frac{\partial \sigma_{xy}}{\partial x} + \frac{\partial \sigma_y}{\partial y} + \frac{\partial \tau_{zy}}{\partial z} = 0 \end{aligned}\right\} \qquad (3-4)$$

将式（3-3）代入式（3-4），此时，板的上下面上 $z = \pm h/2$、$\tau_{zx} = \tau_{zy} = 0$，于是可得

$$\left.\begin{aligned} \tau_{zx} = \frac{1}{2}\left(z^2 - \frac{h^2}{4}\right)\left[\frac{E}{1-\mu^2}\frac{\partial}{\partial x}\left(\frac{\partial^2 \omega}{\partial x^2} + \mu\frac{\partial^2 \omega}{\partial y^2}\right) - 2G\frac{\partial^2 \omega}{\partial x \partial y}\right] \\ \tau_{zy} = \frac{1}{2}\left(z^2 - \frac{h^2}{4}\right)\left[\frac{E}{1-\mu^2}\frac{\partial}{\partial y}\left(\frac{\partial^2 \omega}{\partial x^2} + \mu\frac{\partial^2 \omega}{\partial y^2}\right) - 2G\frac{\partial^2 \omega}{\partial x \partial y}\right] \end{aligned}\right\} \qquad (3-5)$$

由此，共得到 5 个应力分量 [式（3-3）、式（3-5）]。平行于板中间面（xy 坐标面）的应力 σ_x，σ_x，τ_{xy}，在板厚度 h 内呈线性分布；剪应力 τ_{zx} 与 τ_{zy} 沿板厚度 h 呈抛物线分布，正应力和剪应力的这种分布与梁相同（图 3-2）。

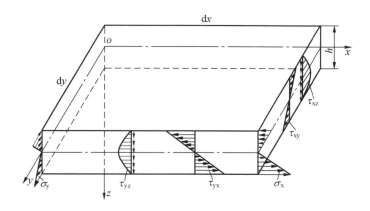

图 3-2 薄板单元体上的应力分布

从薄板取底边为 dx、dy，高为 h 的一个六面微元体，作用在侧面上的应力分量可归结为弯矩 $M_x dy$，$M_y dx$，$M_{xy} dy$，$M_{yx} dx$，$Q_x dy$，$Q_y dx$（图 3-3）。

正弯矩使板中间面以下受拉、以上受压，两相邻截面上的剪力 Q_x 所组成的力偶转向为反时针方向。扭矩 M_{xy} 与 M_{yx} 以向量表示时，以截面的外法线方向表示正扭矩。于是，按照图 3-3 所示的正的正应力与剪应力分量可得

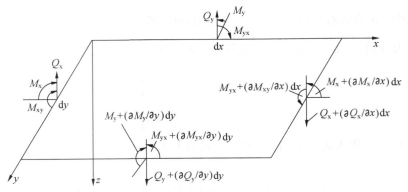

图 3-3 薄板微元单元体受力系统

$$
\left.
\begin{aligned}
M_x &= \int_{-\frac{h}{2}}^{\frac{h}{2}} \sigma_x z \mathrm{d}z \\
M_y &= \int_{-\frac{h}{2}}^{\frac{h}{2}} \sigma_y z \mathrm{d}z \\
M_{xy} &= \int_{-\frac{h}{2}}^{\frac{h}{2}} \tau_{xy} z \mathrm{d}z \\
M_{yx} &= \int_{-\frac{h}{2}}^{\frac{h}{2}} \tau_{yx} z \mathrm{d}z \\
Q_x &= \int_{-\frac{h}{2}}^{\frac{h}{2}} \tau_{xz} \mathrm{d}z \\
Q_y &= \int_{-\frac{h}{2}}^{\frac{h}{2}} \tau_{yz} \mathrm{d}z
\end{aligned}
\right\} \tag{3-6}
$$

式（3-6）中 M_{xy} 积分号前的负号表示相应于正的剪应力 τ_{xy} 将得到负的扭矩。将式（3-3）与式（3-5）代入式（3-6）可得

$$
\left.
\begin{aligned}
M_x &= -D\left(\frac{\partial^2 \omega}{\partial x^2} + \mu \frac{\partial^2 \omega}{\partial y^2}\right) \\
M_y &= -D\left(\frac{\partial^2 \omega}{\partial y^2} + \mu \frac{\partial^2 \omega}{\partial x^2}\right) \\
M_{xy} &= -M_{yx} = D(1-\mu)\frac{\partial^2 \omega}{\partial x \partial y} \\
Q_x &= -D\frac{\partial}{\partial x}\left(\frac{\partial^2 \omega}{\partial x^2} + \mu \frac{\partial^2 \omega}{\partial y^2}\right) \\
Q_y &= -D\frac{\partial}{\partial y}\left(\frac{\partial^2 \omega}{\partial x^2} + \mu \frac{\partial^2 \omega}{\partial y^2}\right)
\end{aligned}
\right\} \tag{3-7}
$$

式中，D 为薄板的抗弯刚度，$D = \dfrac{Eh^2}{12(1-\mu^2)}$。相应的应力分量可由式 (3-8) 计算。

$$\left.\begin{array}{l} \sigma_x = \dfrac{12M_x z}{h^3} \\[3mm] \sigma_y = \dfrac{12M_y z}{h^3} \\[3mm] \tau_{xy} = \dfrac{12M_{xy} z}{h^3} \\[3mm] \tau_{zx} = \dfrac{6Q_x}{h^3}\left(\dfrac{h^2}{4} - z^2\right) \\[3mm] \tau_{zy} = \dfrac{6Q_y}{h^3}\left(\dfrac{h^2}{4} - z^2\right) \end{array}\right\} \qquad (3-8)$$

按照 Kirchhoff 的薄板理论，在列出板的 $x = a$ 边界条件时，将扭矩 $M_{xy}\mathrm{d}x$ 转化为相距 $\mathrm{d}x$ 而相反的两个垂直力 M_{xy}。因而在板的角点 (a,b) 将作用一集中力 R：

$$R = 2(M_{xy})_{\substack{x=a\\y=b}} = 2D(1-\mu)\left(\frac{\partial^2 \omega}{\partial x \partial y}\right)_{\substack{x=a\\y=b}} \qquad (3-9)$$

为了得到板弯曲面 $\omega(x,y)$ 的微分方程，需写出这些微小的正六面体的平衡方程。垂直于板面的分布荷载集度为 $q(x,y)$。由作用在这六个面体上的力在 z 轴方向之和为零，以及对于六面体的平行于二轴及 y 轴的两条边各取矩，将得到下面 3 个平衡方程：

$$\left.\begin{array}{l} \dfrac{\partial Q_x}{\partial x} + \dfrac{\partial Q_y}{\partial y} + q = 0 \\[3mm] Q_x = \dfrac{\partial M_x}{\partial x} + \dfrac{\partial M_{xy}}{\partial y} \\[3mm] Q_y = \dfrac{\partial M_y}{\partial y} + \dfrac{\partial M_{xy}}{\partial x} \end{array}\right\} \qquad (3-10)$$

将式（3-7）代入式（3-10），即

$$D\left(\frac{\partial^4 \omega}{\partial x^4} + 2\frac{\partial^4 \omega}{\partial x^2 \partial y^2} + \frac{\partial^4 \omega}{\partial y^4}\right) = q(x,y) \qquad (3-11)$$

式（3-11）即为薄板的弯曲面的微分方程。

工作面顶板是在煤柱和煤壁的支撑条件下，因此，考虑弹性地基的影响是必要的。若假设板位于连续的弹性地基上并被垂直于板面的荷重 $q(x,y)$ 弯曲，按照 Winkler-Zimmerman 的假设，对于板的任一点基础反力 R 与板该点的挠度成正比，即

$$R = k\omega \qquad (3-12)$$

式中，k 为地基的弹性系数，与材料的性质有关。于是，作用于板各点的荷重强度为 $q(x,y) - k\omega$。

因此，板弯曲面的微分方程式（3-11）又可改写为

$$D\left(\frac{\partial^4 \omega}{\partial x^4} + 2\frac{\partial^4 \omega}{\partial x^2 \partial y^2} + \frac{\partial^4 \omega}{\partial y^4}\right) + k\omega = q(x,y) \tag{3-13}$$

根据综采工作面采空区顶板的破断规律，在顶板岩层发生厚度较大的破断前可将其视为四边固支板。理论和实验已经证明了采场顶板的"O-X"破断形式，即随着工作面的推进，采空区顶板岩层先沿板的长边发生破断，进而在短边产生裂纹并破断，最后在板的中部产生拉裂纹，从而形成顶板岩层的"O-X"破断形式。因此，当板沿四周产生破断后，板在实体煤的支撑条件下已发展成四边简支板。而当采空区顶板初次破断后（即工作面初次来压后），工作面顶板岩层板结构又发展成三边固支（实体煤侧和工作面两侧煤柱）、一边（工作面后方采空区侧）在剪应力 V_x 和弯矩 M_x 作用下的悬板。

当采空区顶板岩层初次破断前，顶板岩层是四边均为固支、受均布载荷 q 作用的矩形薄板（力学模型如图3-4所示），其边界条件为

$$\left.\begin{array}{ll}
\omega|_{x=0}=0 & \left.\dfrac{\partial \omega}{\partial x}\right|_{x=0}=0 \\[2mm]
\omega|_{x=a}=0 & \left.\dfrac{\partial \omega}{\partial x}\right|_{x=a}=0 \\[2mm]
\omega|_{y=0}=0 & \left.\dfrac{\partial \omega}{\partial y}\right|_{y=0}=0 \\[2mm]
\omega|_{y=b}=0 & \left.\dfrac{\partial \omega}{\partial y}\right|_{y=b}=0
\end{array}\right\} \tag{3-14}$$

选取满足上述边界条件的挠曲面方程

$$\omega = A\left(1 - \cos\frac{2\pi x}{a}\right)\left(1 - \cos\frac{2\pi y}{b}\right) \tag{3-15}$$

由板的最小势能原理可得

$$I = V - L = \iint\left\{\frac{D}{2}\left\{\left(\frac{\partial^2 \omega}{\partial x^2} + \frac{\partial^2 \omega}{\partial y^2}\right)^2 - 2(1-\mu)\left[\frac{\partial^2 \omega}{\partial x^2}\frac{\partial^2 \omega}{\partial y^2} - \left(\frac{\partial^2 \omega}{\partial xy}\right)^2\right]\right\} - q\omega\right\}\mathrm{d}x\mathrm{d}y \tag{3-16}$$

式中，I 为板的总势能；V 为板的变形能；L 为板的荷重所做的功。

将式（3-15）代入式（3-16），并令 $\dfrac{\partial I}{\partial A} = 0$，可得

$$A = \frac{qa^4}{4D\pi^4\left[3 + 3\left(\frac{a}{b}\right)^4 + 2\left(\frac{a}{b}\right)^2\right]} \tag{3-17}$$

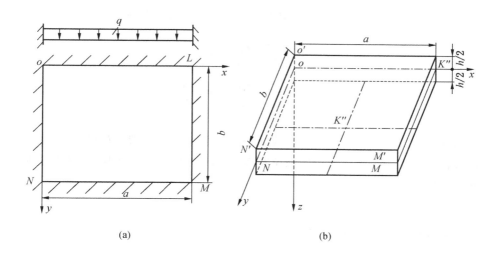

图 3-4　顶板岩层初次破断前薄板力学模型

式（3-17）即为采空区顶板下沉的挠曲面方程。

令 $\dfrac{\partial \omega}{\partial x}=0$、$\dfrac{\partial \omega}{\partial y}=0$，由式（3-17）可知顶板的最大下沉在点 $K''\left(\dfrac{a}{2},\ \dfrac{b}{2},\ \dfrac{h}{2}\right)$（图 3-4b）。将式（3-15）代入式（3-3）可得顶板内某点的应力表达式：

$$\left.\begin{aligned}
\sigma_x &= -\frac{8\pi^2 AEz}{a^2(1-\mu^2)}\left[\sin^2\frac{\pi y}{b}\cos\frac{2\pi x}{a}+\mu\left(\frac{a}{b}\right)^2\sin^2\frac{\pi x}{a}\cos\frac{2\pi y}{b}\right]\\
\sigma_y &= -\frac{8\pi^2 AEz}{b^2(1-\mu^2)}\left[\sin^2\frac{\pi x}{a}\cos\frac{2\pi y}{b}+\mu\left(\frac{b}{a}\right)^2\sin^2\frac{\pi y}{b}\cos\frac{2\pi x}{a}\right]\\
\tau_{xy} &= -\frac{4\pi^2 AEz}{ab(1+\mu)}\sin^2\frac{2\pi x}{a}\cos\frac{2\pi y}{b}
\end{aligned}\right\} \quad (3-18)$$

由式（3-18）可知，在边界 $o'N'\left(o,\ y,\ \dfrac{-h}{2}\right)$ 和边界 $L'M'\left(a,\ y,\ \dfrac{-h}{2}\right)$ 上的应力分布为

$$\left.\begin{aligned}
\sigma_x &= -\frac{4\pi^2 AEh}{a^2(1-\mu^2)}\sin^2\frac{\pi y}{b}\\
\sigma_y &= -\frac{4\pi^2 AE\mu h}{a^2(1-\mu^2)}\sin^2\frac{\pi x}{b}\\
\tau_{xy} &= 0
\end{aligned}\right\} \quad (3-19)$$

在 $o'L'\left(x,\ o,\ \dfrac{-h}{2}\right)$ 和边界 $N'M'\left(x,\ b,\ \dfrac{-h}{2}\right)$ 上的应力分布为

$$\left.\begin{aligned}\sigma_x &= -\frac{4\pi^2 AE\mu h}{b^2(1-\mu^2)}\sin^2\frac{\pi y}{a}\\[2mm]\sigma_y &= -\frac{4\pi^2 AEh}{b^2(1-\mu^2)}\sin^2\frac{\pi x}{a}\\[2mm]\tau_{xy} &= 0\end{aligned}\right\} \qquad (3-20)$$

由计算分析可知，与四边中点截面处的弯矩是板形心截面处的 2～3 倍，说明顶板将首先沿四条支撑边产生张拉断裂，此时由原来的四边固支板发展为四边简支板（图 3-5），则其边界条件为

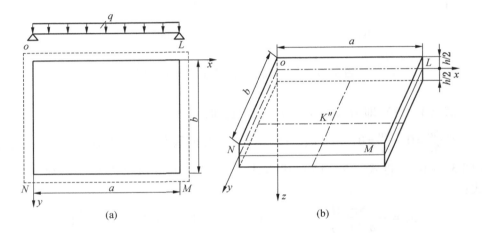

图 3-5 顶板岩层初次垮落前力学模型

$$\left.\begin{aligned}\omega\big|_{x=0} &= 0 \quad \left(\frac{\partial^2\omega}{\partial x^2}+\mu\frac{\partial^2\omega}{\partial y^2}\right)_{x=0}=0\\[2mm]\omega\big|_{x=a} &= 0 \quad \left(\frac{\partial^2\omega}{\partial x^2}+\mu\frac{\partial^2\omega}{\partial y^2}\right)_{x=a}=0\\[2mm]\omega\big|_{y=0} &= 0 \quad \left(\frac{\partial^2\omega}{\partial y^2}+\mu\frac{\partial^2\omega}{\partial x^2}\right)_{y=0}=0\\[2mm]\omega\big|_{x=b} &= 0 \quad \left(\frac{\partial^2\omega}{\partial y^2}+\mu\frac{\partial^2\omega}{\partial x^2}\right)_{y=b}=0\end{aligned}\right\} \qquad (3-21)$$

选取满足上述边界条件的挠曲面方程

$$\omega = A\sin\frac{\pi x}{a}\sin\frac{\pi y}{b} \qquad (3-22)$$

将式（3-22）代入式（3-16），并令$\frac{\partial I}{\partial A}=0$,可得

$$A = \frac{16q}{D\pi^6\left(\frac{1}{a^2}+\frac{1}{b^2}\right)^2} \qquad (3-23)$$

由式（3-23）可得相应的四边简支板的位移方程，令$\frac{\partial \omega}{\partial x}=0,\frac{\partial \omega}{\partial y}=0$，可得此时顶板的最大下沉点$K''\left(\frac{a}{2},\frac{b}{2},\frac{h}{2}\right)$。

当采空区顶板初次破断后（即工作面初次来压后），工作面顶板岩层板结构又发展成三边固支（实体煤侧和工作面两侧煤柱）、一边（工作面后方采空区侧）在剪应力V_x和弯矩M_x作用下的悬板（图3-6），其边界条件为

$$\left.\begin{array}{l}\omega|_{x=0}=0 \quad \left.\dfrac{\partial \omega}{\partial x}\right|_{x=0}=0 \\[2mm] -D\left(\dfrac{\partial^2 \omega}{\partial x^2}+\mu\dfrac{\partial^2 \omega}{\partial y^2}\right)_{x=a}=M_x \quad -D\left[\dfrac{\partial^3 \omega}{\partial x^3}+(2-\mu)\dfrac{\partial^3 \omega}{\partial xy^3}\right]_{x=a}=V_x \\[2mm] \omega|_{y=0}=0 \quad \left.\dfrac{\partial \omega}{\partial y}\right|_{y=0}=0 \\[2mm] \omega|_{y=b}=0 \quad \left.\dfrac{\partial \omega}{\partial y}\right|_{y=b}=0\end{array}\right\} \qquad (3-24)$$

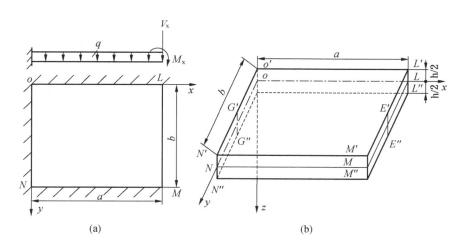

图3-6 顶板岩层周期破断前力学模型

选取在$x=0$和$y=0$、$y=b$上满足上述边界条件的挠曲面方程：

$$\omega = A\left(1 - \cos\frac{\pi x}{2a}\right)\left(1 - \cos\frac{2\pi y}{b}\right) \tag{3-25}$$

在边界 $x = a$ 上，由于

$$\left.\begin{array}{l}\dfrac{\partial^2 \omega}{\partial x^2} = A\left(\dfrac{\pi}{2a}\right)^2 \cdot \cos\dfrac{\pi x}{2a} \cdot \left(1 - \cos\dfrac{2\pi y}{b}\right) \\[4mm] \dfrac{\partial^2 \omega}{\partial y^2} = A\left(\dfrac{2\pi}{b}\right)^2 \cdot \left(1 - \cos\dfrac{\pi x}{2a}\right) \cdot \cos\dfrac{2\pi y}{b}\end{array}\right\} \tag{3-26}$$

故有

$$M_x = -DA\mu\left(\frac{2\pi}{b}\right)^2 \cdot \cos\frac{2\pi y}{b} \tag{3-27}$$

在 $x = a$ 上:

$$\left.\begin{array}{l}\dfrac{\partial^3 \omega}{\partial x^3} = -A\left(\dfrac{\pi}{2a}\right)^3 \cdot \sin\dfrac{\pi x}{2a} \cdot \left(1 - \cos\dfrac{2\pi y}{b}\right) = -A\left(\dfrac{\pi}{2a}\right)^3 \cdot \left(1 - \cos\dfrac{2\pi y}{b}\right) \\[4mm] \dfrac{\partial^3 \omega}{\partial x \partial y^2} = A\dfrac{2\pi^3}{ab^2} \cdot \sin\dfrac{\pi x}{2a} \cdot \cos\dfrac{2\pi y}{b} = A\dfrac{2\pi^3}{ab^2} \cdot \cos\dfrac{2\pi y}{b}\end{array}\right\}$$

$$\tag{3-28}$$

则

$$V_x = DA\left(\frac{\pi}{2a}\right)^3\left\{1 - \cos\frac{2\pi y}{b}\left[1 + 16(2 - \mu) \cdot \left(\frac{a}{b}\right)^2\right]\right\} \tag{3-29}$$

将式（3-35）代入式（3-3）可得周期断裂前顶板岩层的应力分布情况：

$$\left.\begin{array}{l}\sigma_x = -\dfrac{EzA}{1 - \mu^2}\left(\dfrac{\pi}{2a}\right)^2 \cdot \left[\cos\dfrac{\pi x}{2a} \cdot \left(1 - \cos\dfrac{2\pi y}{b}\right) + \mu\left(\dfrac{4a}{b}\right)^2\left(1 - \cos\dfrac{\pi x}{2a}\right)\cos\dfrac{2\pi y}{b}\right] \\[4mm] \sigma_y = -\dfrac{EzA\mu}{1 - \mu^2}\left(\dfrac{2\pi}{b}\right)^2 \cdot \left[\left(1 - \cos\dfrac{\pi x}{2a}\right) \cdot \cos\dfrac{2\pi y}{b} + \mu\left(\dfrac{b}{4a}\right)^2 \cdot \cos\dfrac{\pi x}{2a} \cdot \left(1 - \cos\dfrac{2\pi y}{b}\right)\right] \\[4mm] \tau_{xy} = -\dfrac{EzA}{1 + \mu} \cdot \dfrac{\pi^2}{ab}\sin\dfrac{\pi x}{2a} \cdot \sin\dfrac{2\pi y}{b}\end{array}\right\}$$

$$\tag{3-30}$$

由此可得，当 $x = 0$，$z = -h/2$ 时

$$\left.\begin{array}{l}\sigma_x = \dfrac{EhA}{8(1 - \mu^2)}\left(\dfrac{\pi}{a}\right)^2 \cdot \left(1 - \cos\dfrac{2\pi y}{b}\right) \\[4mm] \sigma_y = \dfrac{EhA\mu}{8(1 - \mu^2)}\left(\dfrac{\pi}{a}\right)^2 \cdot \left(1 - \cos\dfrac{2\pi y}{b}\right) \\[4mm] \tau_{xy} = 0\end{array}\right\} \tag{3-31}$$

当 $y = 0$ 或 $y = b$，$z = -h/2$ 时

$$\sigma_x = \frac{2\mu EhA}{1-\mu^2}\left(\frac{\pi}{b}\right)^2 \cdot \left(1 - \cos\frac{\pi x}{2a}\right)$$
$$\sigma_y = \frac{2EhA\mu}{8(1-\mu^2)}\left(\frac{\pi}{b}\right)^2 \cdot \left(1 - \cos\frac{\pi x}{2a}\right)$$
$$\tau_{xy} = 0$$
$$(3-32)$$

注意到，在 $x=0$ 的边界上，当 $y=b/2$，$z=-h/2$ 时，有主应力的最大值

$$(\sigma_x)_{max} = \frac{EhA}{1-\mu^2} \cdot \left(\frac{\pi}{2a}\right)^2$$
$$(\sigma_y)_{max} = \frac{EhA\mu}{1-\mu^2} \cdot \left(\frac{\pi}{2a}\right)^2$$
$$(3-33)$$

在 $y=0$ 或 $y=b$ 的边界上，当 $x=a$，$z=-h/2$ 时有

$$(\sigma_x)_{max} = \frac{2EhA\mu}{1-\mu^2} \cdot \left(\frac{\pi}{b}\right)^2$$
$$(\sigma_y)_{max} = \frac{2EhA}{1-\mu^2} \cdot \left(\frac{\pi}{b}\right)^2$$
$$(3-34)$$

式（3-31）~式（3-34）的结果表明：在 $x=0$ 边界上的最大正应力值在边界中部 $y=b/2$ 处；在 $y=0$ 或 $y=b$ 边界上的最大正应力值在边界端部的 $x=a$ 处；式（3-34）与式（3-31）的比值为 $8\left(\frac{a}{b}\right)^2$。因此可知，采空区顶板周期破断前首先在点 $L'\left(a,\ o,\ \frac{-h}{2}\right)$ 和 $M'\left(a,\ b,\ \frac{-h}{2}\right)$ 处发生断裂。

3.1.2 顶板岩层的破断规律

目前大部分矿井采用长壁开采的方法，在该采煤方法的工作面布置形式下，采场顶板岩层的极限跨距一般都小于工作面长度的一半，因此在进行力学分析时可将其视为单项板考虑。在顶板岩层初次垮落前，顶板岩层的状态为四边固支，因此在进行分析时可按受均布载荷作用的两端固支梁考虑。

在下煤层工作面开采初期，工作面初次来压步距、周期来压步距、初次来压强度及周期来压强度受上煤层砌体梁结构施加载荷和上下煤层间岩层结构及性质影响显著。在下煤层工作面初次来压前，虽然上下煤层间岩层在上煤层开采过程中超前支撑压力的影响下已形成大量的裂纹，但仍具有一定的完整性，在力学特性上仍能够表现出很好的连续性。E. Hoek 和 E. T. Brown 认为把四组以上（性质相近）结构面的岩体按各向同性岩体来处理是合理的。事实上，在该条件下上下煤层间不存在关键层，但根据大量的工程实践经验，即使上下煤层间无关键层，直接顶也并非一次全厚垮落，而是先少量分层垮落，当工作面推进至一定距

离后一次性全部垮落。因此，在下煤层开采时顶板的初次断裂仍可运用 Winkler 弹性地基梁理论进行分析。因此，可建立弹性地基梁力学模型（图 3 - 7a），根据梁的对称性，可取梁的一般长 l 进行力学分析（图 3 - 7b）。

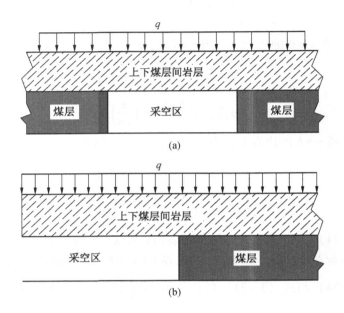

图 3 - 7　弹性地基梁力学模型

1. 上下煤层间岩层上的载荷

假设上下煤层间各岩层的载荷为均匀分布，并设层间岩层中有 n 层，从下至上 n 层同步变形。煤层岩层的厚度为 $h_i(i=1,2,3,\cdots,n)$，体积力为 $\gamma_i(i=1,2,3,\cdots,n)$。由梁理论可知：

$$\frac{M_1}{E_1 I_1} = \frac{M_2}{E_2 I_2} = \frac{M_3}{E_3 I_3} = \cdots = \frac{M_n}{E_n I_n} \quad (3-35)$$

式中，M_i 为第 i 层岩层的弯矩；E_i 为第 i 层岩层的弹性模量；I_i 为第 i 层岩层的惯性矩，$I_i = \dfrac{bh_i^3}{12}$；b 为梁的横截面宽度。

由式（3 - 35）可解得

$$\frac{M_1}{M_2} = \frac{E_1 I_1}{E_2 I_2}, \frac{M_1}{M_3} = \frac{E_1 I_1}{E_3 I_3}, \cdots, \frac{M_1}{M_n} = \frac{E_1 I_1}{E_n I_n} \quad (3-36)$$

其组合梁弯矩为

$$M = M_1 + M_2 + M_3 + \cdots + M_n = \sum_{i=1}^{n} M \qquad (3-37)$$

对于第 1 层梁来说，由式（3 - 26）代入式（3 - 37）得

$$M_1 = \frac{E_1 I_1 M}{\sum\limits_{i=1}^{n} E_i I_i} \qquad (3-38)$$

由梁的受力微分原理可得

$$q_1 = \frac{E_1 I_1 q}{\sum\limits_{i=1}^{n} E_i I_i} \qquad (3-39)$$

式中，q 为上下煤层间岩层受到的载荷，$q = \dfrac{G_1 + G_2 + F_1}{2bl} = \dfrac{\sum\limits_{i=1}^{n} \gamma_i h_i + k_p \gamma' h_u + F_1}{2bl}$，将 I_1 和 q 的具体表达形式代入上式得

$$q_1 = \frac{E_1 h_1^3 \left(\sum\limits_{i=1}^{n} \gamma_i h_i + k_p \gamma' h_u + F_1 \right)}{2bl \sum\limits_{i=1}^{n} E_i h_i^3} \qquad (3-40)$$

式中，k_p 为上煤层垮落岩层碎胀系数；γ' 为上煤层垮落岩石容重；h_u 为上煤层垮落带高度；F_1 为上煤层砌体梁结构施加给垮落散体的载荷。

2. 层间岩层的挠度

假设支撑层间岩层的弹性基础符合 Winkler 地基假设，则基础内的铅垂力 R 为

$$R = ky \qquad (3-41)$$

式中，k 为 Winkler 地基系数，与梁下垫层的厚度及力学性质有关，$k = \sqrt{\dfrac{E_0}{h_0}}$；$E_0$ 为地基的弹性模量；h_0 为地基的厚度。

根据梁的对称性，可取梁的一半长 l 进行力学分析（图 3 - 7b）。由平衡原理可得梁的挠度曲线微分方程：

$$\begin{cases} E_1 I_1 y''' = q_1 & (-l \leqslant x \leqslant 0) \\ E_1 I_1 y''' = q_1 - ky & (0 \leqslant x < \infty) \end{cases} \qquad (3-42)$$

式中，q_1 为分布载荷集度，可根据式（3 - 40）计算得到。

解方程（3 - 42）并代入边界和连续条件可得

$$y = \frac{q_1}{E_1 I_1} \Big[\frac{1}{24} x^4 + \frac{1}{6} l x^3 + \frac{1}{4} l^2 (1-2\alpha) x^2 + \frac{1}{6} l^3 (1-6\alpha) x +$$

$$\left(\frac{\sqrt{2}}{\omega l} + \frac{1}{2} - \alpha \right) \frac{l^2}{\omega^2} \Big] \quad (l \leqslant x \leqslant 0) \qquad (3-43)$$

$$y = \frac{q_1 l^2}{E_1 I_1 \omega^2} e^{-\frac{\omega}{\sqrt{2}}x} \left[\left(\frac{\sqrt{2}}{\omega l} + \frac{1}{2} - \alpha \right) \cos \frac{\omega}{\sqrt{2}} x + \left(\alpha - \frac{1}{2} \right) \sin \frac{\omega}{\sqrt{2}} x \right] \quad (0 \leqslant x < \infty)$$

$$(3-44)$$

式中，$\omega = \sqrt[4]{\dfrac{k}{E_1 I_1}}$；$\alpha = \dfrac{\sqrt{2}\omega^2 l^2 + 6\omega\alpha + 6\sqrt{2}}{6\omega l(2 + \sqrt{2}\omega l)}$。

当 $k \to \infty$，即 $\omega \to \infty$，则 $\alpha = \dfrac{1}{6}$，上式即为两端固支梁的解。

将式（3-39）分别代入式（3-43）和式（3-44）得

$$y = \frac{h_1^3 x^2 \left(\sum_{i=1}^{n} \gamma_i h_i + k_p \gamma' h_u + F_1 \right)}{2 b l I_1 \sum_{i=1}^{n} E_i h_i^3} \left(\frac{1}{24} x^2 + \frac{1}{6} l x + \frac{1}{6} l^2 \right) \quad (-l \leqslant x \leqslant 0)$$

$$(3-45)$$

$$y = 0 \quad (0 \leqslant x < \infty) \tag{3-46}$$

3. 上下煤层间岩层的初次破断距

设层间岩层的剪力为 Q_1，弯矩为 M_1，则其表达式为

$$Q_1 = EI y''' \tag{3-47}$$

$$M_1 = EI y'' \tag{3-48}$$

在 $x = -l$ 处，即梁的中部，其弯矩为 M_α，则

$$M_\alpha = EI y''_{-1} = \alpha q_1 l^2 \tag{3-49}$$

当 $y''' = 0$，则此时的弯矩值 $M| = M_{max}$，且其位置为 x_β

$$x_\beta = \frac{\sqrt{2}}{\omega} \arctan \frac{\sqrt{2}}{\sqrt{2} + \omega l - 2\alpha\omega l} \tag{3-50}$$

此处弯矩 M_β 为

$$M_\beta = e^{-\frac{\omega}{\sqrt{2}}\gamma_\beta} \left[\left(\frac{\sqrt{2}}{\omega l} + \frac{1}{2} - \alpha \right) \sin \frac{\omega}{\sqrt{2}} x_\beta - \left(\frac{1}{2} - \alpha \right) \cos \frac{\omega}{\sqrt{2}} x_\beta \right] = -\beta q_1 l^2 \tag{3-51}$$

式中，$\beta = e^{-\frac{\omega}{\sqrt{2}}\gamma_\beta} \left[\left(\dfrac{\sqrt{2}}{\omega l} + \dfrac{1}{2} - \alpha \right) \sin \dfrac{\omega}{\sqrt{2}} x_\beta + \left(\dfrac{1}{2} - \alpha \right) \cos \dfrac{\omega}{\sqrt{2}} x_\beta \right]$。

α 为梁中部的弯矩系数，β 为煤壁前方弯矩系数。

考虑垫层作用后的层间岩层的初次断裂极限破断距可用如下方法求得：首先判别 α 与 β 的大小，求得最大弯矩 M_{max}。若 $\alpha > \beta$，则 $M_{max} = \alpha q_1 l^2$。然后设层间岩层的抗拉极限 $\sigma_t = \dfrac{1}{10} \sigma_c$，抗弯截面模量为 $W_t = \dfrac{1}{6} h_1^2$。根据梁的强度理论可得

$$\sigma_{max} = \frac{M_{max}}{W_t} = \frac{6\alpha q_1 l^2}{h_1^2} = \frac{1}{10} \sigma_c \tag{3-52}$$

将式（3-52）的表达式代入上式得

$$10\sqrt{2}\omega^2 q_1 l^3 + 60\omega q_1 l^2 + (60\sqrt{2}q_1 - \sqrt{2}h_1^2\sigma_c\omega^2)l - 2h_1^2\sigma_c\omega = 0 \quad (3-53)$$

从式（3-53）中解得 l，则极限破断距为

$$L_c = 2l + 2x_\beta \quad (3-54)$$

同理，若 $\alpha > \beta$，可得关于 l 的表达式：

$$15q_1 l^2 e^{-\frac{\omega}{\sqrt{2}}\gamma_\beta}\left[\left(\frac{\sqrt{2}}{\omega l} + \frac{1}{2} - \alpha\right)\sin\frac{\omega}{\sqrt{2}}x_\beta + \left(\alpha - \frac{1}{2}\right)\cos\frac{\omega}{\sqrt{2}}x_\beta\right] - h_1^2\sigma_c = 0 \quad (3-55)$$

将上式求得的 l 代入式（3-54）即为极限跨距。

需要说明的是，当 $\omega \to \infty$ 时，可得到初次破断的最大极限破断距，即两端固支梁模型的极限破断距，计算公式为

$$L_c = h_1\sqrt{\frac{\sigma_c}{5q_1}} \quad (3-56)$$

4. 上下煤层间岩层的周期破断距

工作面初次来压后，上下煤层间岩层处于悬臂梁的状态，层间岩层同步变形，其载荷仍受上煤层垮落岩石和上煤层关键层结构的影响（图3-7）。

如令 $x = -l$ 处 $M_\alpha = 0$，则连续梁模型就转化为悬臂梁模型。设在 $x = 0$ 处的剪力为 Q_0，弯矩为 M_0，则弹性地基上的悬臂梁挠度曲线为

$$y_1 = e^{\frac{\omega}{\sqrt{2}}x}\left[\frac{\sqrt{2}Q_0 - \omega M_0}{E_1 I_1 \omega^3}\cos\frac{\omega}{\sqrt{2}}x - \frac{M_0}{E_1 I_1 \omega^2}\sin\frac{\omega}{\sqrt{2}}x\right] \quad (3-57)$$

为了得到周期破断距，需要从式（3-57）求得最大弯矩 M_z 的位置 x_1。由式（3-57）可得

$$y_1'' = \frac{1}{\sqrt{2}}e^{-\frac{\omega}{\sqrt{2}}x}\left[\frac{\sqrt{2}Q_0 - \omega M_0}{E_1 I_1}\left(\cos\frac{\omega}{\sqrt{2}}x - \sin\frac{\omega}{\sqrt{2}}x\right) - \frac{M_0\omega}{E_1 I_1}\left(\cos\frac{\omega}{\sqrt{2}}x - \sin\frac{\omega}{\sqrt{2}}x\right)\right] = 0$$

$$(3-58)$$

令 $y_1'' = 0$，得

$$x_1 = \frac{\sqrt{2}}{\omega}\arctan\frac{Q_0}{Q_0 + \sqrt{2}M_0\omega} \quad (3-59)$$

其中，$Q_0 = q_1 l$，$M_0 = \frac{1}{2}q_1 l^2$。

由岩梁的强度理论：

$$\sigma = \frac{M_z}{W_t} = \frac{\sigma_c}{10} \quad (3-60)$$

得到求解 l_1 的公式为

$$3q_1l_1\mathrm{e}^{-\frac{\omega}{\sqrt{2}}x_1}\left(\frac{2\sqrt{2}+\omega l_1}{\omega}\sin\frac{\omega}{\sqrt{2}}x_1+l_1\cos\frac{\omega}{\sqrt{2}}x_1\right)-h_1^2\sigma_c=0 \qquad (3-61)$$

则周期破断距 L_Z 可由下式求得

$$L_Z=l_1+x_1 \qquad\qquad (3-62)$$

3.2 下煤层开采覆岩结构及运动分析

3.2.1 上煤层关键层结构不发生失稳

当下煤层的开采不会造成上煤层已稳定砌体梁结构失稳（近距离煤层开采Ⅰ类）时，说明下煤层与上煤层垮落带高度之和与上煤层开采时形成的砌体梁结构位置比较接近，或上下煤层间层厚大于下煤层开采时的垮落高度。在此条件下，工作面矿压显现主要由上下煤层间层厚、层间岩体结构、上煤层垮落散体及上煤层砌体梁承载性能等所决定，因此，又可将该条件下的类型分为双砌体梁结构（ⅠA型）和上砌体梁下悬臂梁结构（近距离煤层开采ⅠB型）两种类型。根据近距离煤层开采ⅠA型和ⅠB型的不同覆岩结构及运动特征分别进行理论分析并建立相应的理论模型。

1. 双砌体梁结构

1）双砌体梁结构受力分析

近距离煤层开采中覆岩结构属于ⅠA型时，下煤层工作面顶板岩层主要受上下煤层层间岩层自重（G_1）、上煤层垮落带内散体自重（G_2）及上煤层形成的砌体梁结构对散体施加的铅垂方向的载荷（F_1），覆岩结构及顶板受力分析如图3-8所示。

在该条件下，下煤层进行开采时，上下煤层层间岩层在其上部载荷和上煤层开采时的超前支撑压力使其承载能力下降，处于极其不稳定的状态。特别是下煤层工作面推至极限破断距附近时，上煤层关键层结构的承载性能直接影响下煤层顶板岩层的破断。根据垮落散体矸石的压实曲线，可得到压实量 Δ 与压实力 F_1（即上煤层关键块对下煤层顶板岩层施加的载荷）的关系式：

$$F_1=K\Delta^3=KM^3\left(k_{\mathrm{sp}}-k_{\mathrm{sp}}'\right)^3 \qquad (3-63)$$

式中，K 为比例系数，取材料的常数；M 为上煤层采高；k_{sp} 为上煤层垮落散体矸石的碎胀系数；k_{sp}' 为下煤层开采时上煤层垮落散体矸石的残余碎胀系数。

根据以上分析，上下煤层间岩层所受载荷 q_1 与层间岩层的破断密切相关，然而 F_1 对 q_1 的影响由上煤层砌体梁结构的稳定性和承载能力决定，因此，对 F_1 的讨论就显得很有必要。因此，当下煤层开采工作面初次来压时，工作面矿山压力为

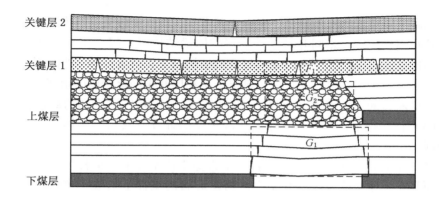

图 3-8　近距离煤层开采 I A型初次垮落前覆岩结构及顶板受力分析

$$P = G_1 + G_2 + F_1 = \sum_{i=1}^{i=r} \gamma_i h_i + \sum_{i=r+1}^{i=n} \gamma_i h_i + KM^3 (k_{sp} - k'_{sp})^3 \quad (3-64)$$

式中，γ_i 为顶板岩层的容重；h_i 为顶板岩层的厚度；r 为上下煤层间岩层最上层岩层，即上煤层直接底；n 为上关键层1相邻的下部岩层。

一般情况下，双砌体梁结构形成时该类型的上下煤层间距相对较大，在下煤层工作面回采时，层间关键层结构能够在前方煤壁和后方采空区矸石的支撑下形成砌体梁结构，此时下煤层工作面顶板岩层除了受上下煤层层间岩层自重（G_1）、上煤层垮落带内散体自重（G_2）及上煤层形成的砌体梁结构对散体施加的铅垂方向的载荷（F_1）的影响外，还受层间关键层破断后形成的砌体梁结构影响，初次来压前覆岩结构如图 3-9 所示。

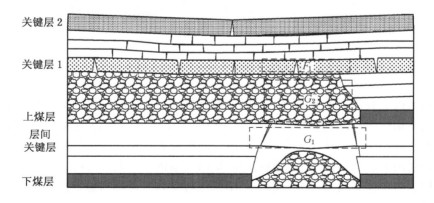

图 3-9　近距离煤层开采 I B型初次垮落前覆岩结构及顶板受力分析

下煤层进行开采时虽然层间关键层在其上部载荷和上煤层开采时的超前支撑压力影响下承载能力有所降低，但由于其本身抗压强度较大，厚度较厚，整体强度仍然很高，因此，相同开采条件下双砌体梁结构时下煤层工作面初次来压步距、初次来压强度会比上砌体梁下悬臂梁结构时大。该条件下，当下煤层工作面推至极限破断距附近时，上煤层关键层结构和层间未垮落岩层的承载性能是影响层间岩层断裂的主要因素。上煤层关键层结构对层间岩层施加的载荷仍可用式（3-63）计算得出，因此，工作面初次来压的计算方法与上砌体梁下悬臂梁结构相同。

当工作面初次来压后，层间岩层不再像ⅠB型开采时那样处于悬臂梁的状态，而是在工作面前方煤壁和采空区垮落矸石的支撑下形成了砌体梁结构。此时，上煤层破断的关键层结构运动形式与ⅠB型相同，而下煤层工作面形成的砌体梁结构是工作面周期来压的重要影响因素，近距离煤层开采ⅠA型周期来压前覆岩结构如图3-10所示。

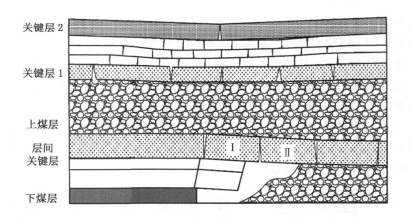

图3-10　双砌体梁结构下煤层工作面周期来压前覆岩结构

根据以上分析，ⅠA型时下煤层工作面矿压显现特征与层间砌体梁结构的承载性能密切相关，由砌体梁理论可知，砌体梁结构所受载荷绝大部分由煤壁承担，而仅有一小部分转向采空区。同时，此断裂岩块相互铰接的半拱结构实质上是在岩层内形成了类似于一拱脚趋向煤壁的支承区。因此，可将上下煤层间砌体梁结构的多块体运动简化为三铰拱式结构进行受力、运动和稳定性分析。现将砌体梁结构中心两关键岩块的受力情况用图3-11表示。

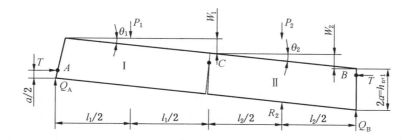

T—水平推力；Q_A、Q_B—A 点和 B 点受到的铅垂剪切力；P_1、P_2—Ⅰ、Ⅱ关键块承受的载荷；

l_1、l_2—Ⅰ、Ⅱ关键块的长度；θ_1、θ_2—Ⅰ、Ⅱ关键块的回转角；W_1、W_2—

Ⅰ、Ⅱ关键块的下沉量；A、B、C—砌体梁三铰拱结构的铰接点

图 3-11 层间岩层两关键块结构力学模型

由砌体梁结构中的关键块受力分析可知，$l = l_1 = l_2$，$W_1 = l\sin\theta_1$，$W_2 = l\left(\sin\theta_1 + \sin\dfrac{\theta_1}{4}\right)$，$R_2 = P_2$，因此可知：

$$T = \frac{P_1}{\dfrac{h_r}{l} - \dfrac{1}{3}\sin\theta_1} \tag{3-65}$$

$$Q_B = Q_2 = \frac{P_1\sin\theta_1}{2\left(\dfrac{2h_r}{l} - \sin\theta_1\right)} \tag{3-66}$$

$$Q_A = \frac{\dfrac{4h_r}{l} - 3\sin\theta_1}{2\left(\dfrac{2h_r}{l} - \sin\theta_1\right)}P_1 \tag{3-67}$$

由式（3-67）可知，随着工作面的推进，θ_1 逐渐增大，而 Q_A 随 θ_1 的增大逐渐减小。由于岩块的铰接关系实质上是支点在 A、拱顶点在 C 的半拱平衡，因此，Q_A 的减小一定会造成 Q_C 的不断增大。工作面来压时，砌体梁结构上部受力仍然与ⅠA 型开采时相同，因此周期来压规律与ⅠB 型开采时相似，由于砌体梁结构的承载能力的影响，工作面来压强度会有所减小。

2）上煤层砌体梁结构的稳定性判据

由式（3-63）可知，上煤层砌体梁结构所在岩层为下煤层顶板岩层的第 $n+1$ 层，砌体梁结构上部 $n+2 \sim m$ 层岩层与第 $n+1$ 层岩层同步变形，因此，由砌体梁结构的"S-R"稳定条件知：

$$\begin{cases} \sum_{i=n+1}^{m} h_i \leqslant \dfrac{\sigma_c}{30\rho g}\Big(\tan\varphi + \dfrac{3}{4}\sin\theta_1\Big)^2 & \text{（滑落失稳,S 条件）} \\[4mm] \sum_{i=n+1}^{m} h_i \leqslant \dfrac{0.15\sigma_c}{\rho g}\Big(i^2 - \dfrac{3}{2}i\sin\theta_1 + \dfrac{1}{2}\sin^2\theta_1\Big) & \text{（回转失稳,R 条件）} \end{cases}$$

$$(3-68)$$

式中，h_i 为岩层厚度；h' 为承载层负载岩层厚度；σ_c 为承载层抗压强度；ρg 为岩体的体积力；i 为关键块的块度；$\tan\varphi$ 为关键块间的摩擦因数。

在式（3-27）中，岩层厚度 h_i、抗压强度 σ_c、断裂度 $i = h_{n+1}/l$ 及内摩擦角 φ 等参数均比较容易获得，且在下煤层开采时这些参数已在事实上确定，因此关键块 I 的回转角 θ_1 是影响砌体梁结构是否发生失稳的关键参数。设上煤层回采后其垮落散体矸石的碎胀系数为 k_{sp}、下煤层回采后其层间岩层的垮落散体矸石碎胀系数为 k_{xp}，为求得在极限状态时上煤层垮落带与砌体梁结构不发生失稳时的最大空间高度 Δh，假设下煤层开采层间岩层位于其垮落带范围内，则由几何关系可知：

$$\sin\theta_1 = \frac{\Delta h}{l} \qquad\qquad (3-69)$$

将式（3-69）代入式（3-68）可得

$$\begin{cases} \Delta h \geqslant \left(\sqrt{\dfrac{30\rho g \sum_{i=n+1}^{m} h_i}{\sigma_c}} - \tan\varphi\right)\dfrac{4}{3}l & \text{（滑落失稳,S 条件）} \\[4mm] \Delta h^2 - 3h\Delta h + 2h^2 - \dfrac{2\rho g l^2 \sum_{i=n+1}^{m} h_i}{0.15\sigma_c} \geqslant 0 & \text{（回转失稳,R 条件）} \end{cases}$$

$$(3-70)$$

式（3-70）即为上煤层砌体梁结构在下煤层开采时不发生失稳的条件。

2. 上砌体梁下悬臂梁结构

工作面初次来压后，上下煤层间岩层处于悬臂梁状态时，层间岩层同步变形，其载荷仍受上煤层垮落岩石和上煤层砌体梁结构的影响（图3-12）。由于上下煤层间岩层初次破断后，上煤层关键层结构下的垮落散体矸石的压实性已经改变，因此，此时已不能再使用下煤层回采前上煤层垮落散体矸石的支撑反力进行计算。但可以预知的是，由于散体结构变得更加松散，由其提供的支撑反力会有所降低，因此，在周期来压期间工作面的矿压显现也比初次来压小。由于在该条件下上煤层关键层结构仍具有一定的承载能力，因此，下煤层工作面周期来压期间，可将上煤层关键层结构看作破断块体相互铰接的铰接结构。而由于层间岩层完整性较差，因此可将工作面顶板看作由实体煤和层间岩层夹持下的悬臂梁结构进行分析，力学模型如图3-13所示。

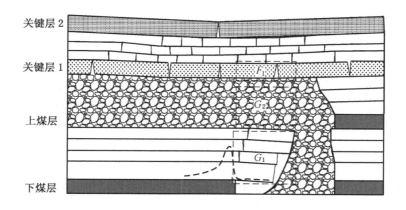

图 3 - 12　上砌体梁下悬臂梁结构及顶板受力分析

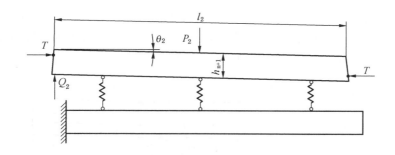

图 3 - 13　下煤层开采周期来压前覆岩系统力学模型

由砌体梁理论可知，水平推力 T 为

$$T = \frac{P_2}{\dfrac{h_{n+1}}{l_2} - \dfrac{1}{3}\sin\theta_2} \tag{3-71}$$

$$Q_2 = \frac{P_2\sin\theta_2}{2\left(\dfrac{2h_{n+1}}{l_2} - \sin\theta_2\right)} \tag{3-72}$$

设关键块间的摩擦因数为 k，则上煤层关键层对下煤层顶板岩层施加的载荷为

$$R_2 = P_2 - Q_2 - kT \tag{3-73}$$

联立式（3-71）~式(3-73)即可求得 R_2，即层间岩层周期破断后工作面压力。

3.2.2 上煤层砌体梁结构发生失稳

当下煤层的开采对上煤层已稳定的关键层结构造成剧烈影响，且将导致上煤层已稳定砌体梁结构失稳（近距离煤层开采Ⅱ类）时，说明下煤层与上煤层垮落带高度之和与上煤层开采时形成的砌体梁结构的位置相差很大，下煤层开采后垮落带内的散体结构与上煤层关键层间存在较大的未充填区。随着工作面的推进，必然会导致上煤层关键层结构的破断和失稳。该类型一般发生在下煤层采高较大、上下煤层间距较小的工程条件下。在此条件下，工作面矿压显现主要由上下煤层间岩体结构和上煤层砌体梁结构承载性能等决定，因此，也可将该条件下的类型分为双悬臂梁结构（ⅡA型）和上悬臂梁下砌体梁结构（近距离煤层开采ⅡB型）两种类型。

1. 双悬臂梁结构

当近距离煤层开采中覆岩结构属于ⅡA型时，在下煤层工作面初次来压前，层间岩层主要受上下煤层层间岩层自重（G_1）、上煤层垮落带内散体自重（G_2）及上煤层关键层结构及其所受载荷（G_3），如图3-14所示。

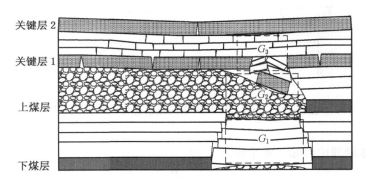

图3-14 下煤层开采工作面顶板岩层初次破断后覆岩结构

在工作面初次来压时，上煤层关键层结构的失稳使得该关键层结构突然丧失承载能力，从而其所承载的局部或上覆岩层全部载荷突然由下煤层顶板岩层承担，造成下煤层工作面的突然大面积来压且矿压显现剧烈。此时工作面压力为

$$P = G_1 + G_2 + G_3 = \sum_{i=1}^{i=r} \gamma_i h_i + \sum_{i=r+1}^{i=m} \gamma_i h_i \qquad (3-74)$$

其中，m 为表土层或上覆岩层中的主关键层。

当进入周期来压阶段时，由于下煤层初次来压后层间岩层的垮落造成了上煤层砌体梁结构的断裂失稳，使上煤层砌体梁结构失去了断裂岩块之间的铰接关系，水平推力 T 消失。因此，在周期来压阶段，下煤层顶板岩层和上煤层失去承载能力的关键层断裂岩块分别形成了上悬臂梁和下悬臂梁结构，简称双悬臂梁结构，覆岩结构如图 3 – 15 所示。

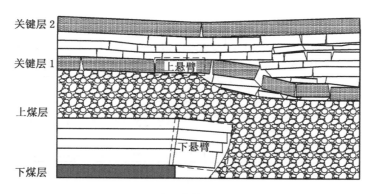

图 3 – 15　双悬臂梁结构周期来压覆岩结构

设上悬臂梁的极限断裂距为 l_{IIAs}，下悬臂梁的极限断裂距为 l_{IIAx}，当 $l_{IIAs} > l_{IIAx}$ 时，下悬臂梁达到极限破断距破断时，上悬臂梁不发生失稳或破断，此时工作面压力主要由下悬臂梁自重、上煤层垮落带散体矸石自重组成，随着工作面的推进，当上悬臂梁达到极限断裂距发生失稳或破断时，其上局部或全部覆岩载荷将全部通过垮落散体矸石施加到下煤层工作面下悬臂梁上，荷载超出下悬臂梁的承载极限时将导致下悬臂梁再次发生破断，把这种下悬臂梁先于上悬臂失稳时工作面的来压现象称为小周期来压；由于上悬臂梁失稳或破断后，下悬臂梁同时或稍后即发生破断，因此，可把上悬臂梁与下悬臂梁的这种同步失稳和破断称为下煤层工作面的大周期来压。如图 3 – 16c 所示，随着工作面向前推进，当下悬臂梁达到极限破断距后发生破断并失稳，上悬臂梁在覆岩荷载的作用下只发生挠曲变形而不发生断裂，此时下煤层工作面矿压显现比较缓和，因此将此次矿压显现称为小周期来压。下悬臂梁发生破断后，随着工作面回采，上悬臂梁逐渐达到极限破断距，当上悬臂梁达到极限破断距时，由于此时下悬臂梁还未发生破断，因此上悬臂梁仍会在上部垮落散体矸石和上覆岩层载荷的共同作用下保持稳定，然而由于上悬臂梁大部分载荷由夹持端承担，因此就造成了上悬臂梁固定端应力的集中（图 3 – 16a）；在图 3 – 16b 中虚线为下悬臂梁上的应力分布曲线，可分为 $A \sim G$ 六个区，分别为超前工作面的原岩应力区、应力降低区、应力增高区、工作面附近的应力降低区、上悬臂梁夹持部位下方的应力增高区及采空区后方的应力降低区和应力稳定区；其中，上悬臂梁夹持部位下方的应力增高区 E 直接作用于下悬臂梁上，该处应力的增高是下悬臂梁发生二次破断的主要因素；下悬臂梁的二次破断将引起工作面的再次来压，此次来压剧烈，来压强度较大，然而来压步距较小，按照来压强度的大小将此次矿压显现称为大周期来压。

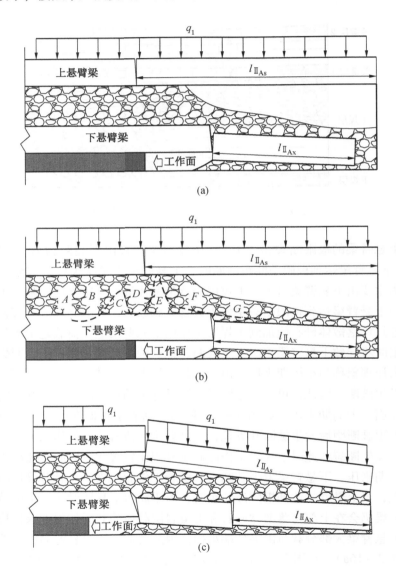

图 3-16   ⅡA 类近距离煤层开采周期来压覆岩位态图

2. 上悬臂梁下砌体梁结构

当近距离煤层开采中覆岩结构形成上悬臂梁下砌体梁结构时，在下煤层工作面初次来压前，层间岩层受力及应力分布与ⅡA型开采时基本相同。不同的是，由于层间岩层较厚，层间岩层的完整性增强，必然在开始回采阶段采空区空顶面积增加，这会导致层间岩层上的载荷大部分由开切眼煤柱和工作面前方实体煤承担（图 3-17），从而造成在该条件下初次来压剧烈的现象，初次来压计算方法与ⅡA型开采时相同。

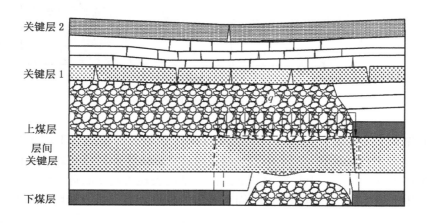

图 3-17　上悬臂梁下砌体梁结构下煤层工作面初次来压前层间岩层受力

当层间岩层达到极限跨距产生破断后，上煤层采空区垮落矸石与层间岩层随即垮落，在上煤层砌体梁结构覆岩载荷的作用下发生失稳。随着工作面的推进，进入周期来压阶段，由于上煤层砌体梁结构的失稳垮落，使得上煤层关键层结构失去横向力 T 的约束，不再相互铰接，失去了水平方向上力的联系，因而在周期来压阶段，上煤层砌体梁破断岩块在覆岩和上煤层垮落矸石的夹持下形成了悬臂梁结构，称为上悬臂梁。而随着工作面的持续推进，层间岩层破断后在采空区垮落矸石的支撑下形成砌体梁结构，因此，在下煤层开采周期来压阶段就形成了上悬臂梁、下砌体梁双结构系统（图 3-18）。

当上悬臂梁长度与下砌体梁长度相等时即 $l_{\text{Ⅱ Bs}} = l_{\text{Ⅱ Bx}}$，且上悬臂梁块体断裂线与下砌体梁断裂线对齐时，上悬臂梁随着下煤层工作面的推进断裂线处应力集中逐渐加剧，这种应力集中不会直接对砌体梁整体结构造成影响，而是应力集中的载荷直接作用于下砌体梁结构中的关键块Ⅰ（图 3-19a），这使得作用于关键块Ⅰ和关键块Ⅱ上的力 P_1 和 P_2 出现显著差异，仍可认为作用于关键块Ⅱ的中

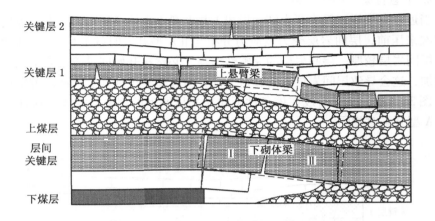

图 3 – 18　上悬臂梁下砌体梁结构模型

部，而作用于关键块Ⅰ上的 P_1 不再固定于某个位置，而是随着工作面的推进逐渐向前移动并且逐渐增大，至断裂线附近时达到最大，此时将导致下砌体梁结构的断裂和采场的来压；上悬臂梁与下砌体梁结构表现为高度的运动协调，工作面周期来压也较规律，不会出现大小周期来压的现象。当上悬臂梁块体断裂线位于下砌体梁关键块中部时（图 3 – 19b），上悬臂梁应力集中最大值发生在关键块Ⅰ的中部且 $P_1 > P_2$，随着关键块Ⅰ的回转，上悬臂梁也产生一定程度的回转变形，而后发生失稳，造成工作面的来压现象。当上悬臂梁应力集中达到最大时，下煤层工作面还未推至断裂线，因此，造成工作面来压时的应力集中程度有所降低，矿压显现较第一种情况较为缓和。

当 $l_{\text{Ⅱ}Bs} > l_{\text{Ⅱ}Bx}$ 且上悬臂梁断裂线与下砌体梁关键块断裂线对齐时（图 3 – 19c），其来压机理与图 3 – 19a 表现出显著不同。在来压机理上，上悬臂梁的应力集中区不仅影响下砌体梁结构中的某一关键块，而是对下砌体梁整个结构产生影响；从应力集中程度上来说，由于上悬臂梁的长度较长，其最大应力也较前两种情况大，在工作面回采至断裂线附近时，应力集中容易造成工作面片帮、工作面顶板台阶下沉等事故，如工作面支架选型不当，也非常容易造成压架事故；从周期来压过程来说，下砌体梁结构受到的应力集中直至释放的距离增大，下砌体梁结构的不稳定因素增多，在高应力集中影响下工作面顶板极易沿煤壁整体切落，此类情况工作面支架选用四柱式比较有益，能够有效降低煤壁内应力集中，是工作面顶板及矿压控制的关键。当上悬臂梁断裂线位于下砌体梁关键块中部时（图 3 – 19d），虽然比图 3 – 19b 中的应力集中明显增大，但由于关键块Ⅱ的回

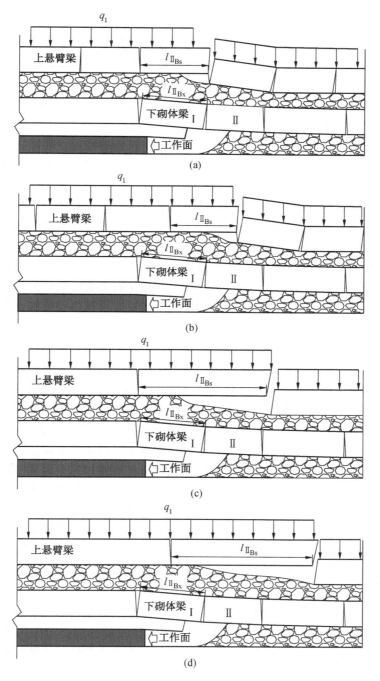

图 3-19　上悬臂梁下砌体梁结构时下煤层工作面周期来压覆岩位态图

转、下沉，使得上煤层垮落矸石有所松动，从而能够很快缓解这种应力集中。然而当下砌体梁关键块Ⅰ破断时，在上悬臂梁整体失稳的影响下会造成工作面的剧烈矿压显现，这种情况下，工作面周期来压步距差异性不大，然而周期来压剧烈程度具有显著差异。当 $l_{\text{ⅡBx}} < l_{\text{ⅡBs}} < 2l_{\text{ⅡBx}}$ 时，下煤层工作面周期来压强度会表现出"不剧烈—剧烈—剧烈"的形式，根据 $l_{\text{ⅡBs}}/l_{\text{ⅡBx}}$ 比值的不同，可以此类推这种形式下的矿压显现规律。

综上所述，根据下煤层开采对上煤层关键层结构的稳定性的影响，把近距离煤层开采划分为上煤层关键层结构不失稳和上煤层关键层结构失稳两种情况。一般而言，当上煤层关键层结构不失稳时，上下煤层间距相对较大，上煤层关键层结构的回转变形空间有限，重新达到稳定后还有一定的承载能力，不会造成下煤层工作面的大面积来压。相反，上煤层关键层结构失稳情况多发生在上下煤层间距不大，且下煤层采高较大的情况，这种情况下工作面矿压显现较第一种情况更加剧烈，在近距离煤层开采活动中应该引起足够的重视。然而，层间岩层是否会形成砌体梁结构，是对下煤层工作面矿压显现规律有重要影响的另一因素。在第一种情况中，层间岩层形成砌体梁结构时对下煤层工作面顶板控制更有利，虽然第一种情况的矿压显现相对缓和，但在工程实践中，由于上煤层开采支承压力的损伤影响，下煤层开采时工作面顶板控制的相关问题同样不容忽视。在第二种情况中，当层间岩层形成悬臂梁结构时，随着工作面的推进，上煤层关键层结构和下煤层顶板岩层将形成上悬臂梁和下悬臂梁双结构的形式，上煤层关键层结构中的断裂线位置、块体长度均将对下煤层工作面的矿压显现产生不同的影响，工作面将形成大小周期来压现象；当层间岩层形成砌体梁结构时，随着工作面的推进，上煤层关键层结构和下煤层顶板岩层将形成上悬臂梁和下砌体梁双结构的形式。然而，在上煤层关键层结构中的断裂线位置、块体长度等因素的影响下，工作面矿压显现规律不尽相同。其中，当上煤层悬臂梁块体长度大于下煤层砌体梁关键块长度，且上悬臂岩块断裂线位置与下煤层砌体梁关键块断裂线位置对齐时，工作面将出现来压步距一致来压强度有显著差异的大小周期来压现象。在大周期来压期间，矿压显现剧烈，工作面容易出现煤壁片帮、冲击地压、台阶下沉、压架等事故，此类情况下的支架选型和工作面顶板控制就显得尤为重要和关键。

综上所述，双砌体结构和双悬臂梁结构是近距离煤层开采中覆岩结构的两种极限形式，其中双悬臂梁结构对下煤层工作面和回采巷道稳定性影响显著。因此，这两种覆岩结构形式具有广泛的代表性，下面将主要针对这两种典型覆岩结构进行研究，保证近距离煤层开采的安全生产。

3.3　近距离煤层开采层间岩层损伤影响研究

在上煤层回采过程中，由于支承压力的影响，过高的采动应力必然会对上煤层底板（即下煤层顶板）一定范围内岩层造成损伤。层间岩层的损伤会对下煤层回采过程中的工作面顶板稳定性和回采巷道的变形破坏产生重要影响，对于近距离煤层开采而言，上煤层支承压力对上煤层底板的损伤影响研究是十分必要的。

上煤层工作面推进过程中，由于区段煤柱和工作面前方实体煤的存在，在采场四周形成支承压力区（图3-20）。其中，*A—A* 表示沿上煤层工作面推进方向的支承压力分布，*B—B* 表示工作面煤壁附近沿工作面方向的支承压力分布，*C—C* 表示上煤层覆岩结构稳定后采场支承压力分布。无论是沿工作面方向还是沿工作面推进方向的支承压力分布都是非常复杂的，在这种复杂的支承压力作用下，上煤层底板岩层要经历多次的加卸载，对煤层底板造成了严重的损伤，给下煤层开采顶板控制和巷道稳定性控制增加了很大的困难。

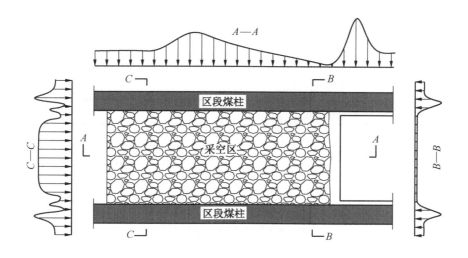

图3-20　上煤层采场支承压力分布特征

关于支承压力对底板损伤破坏深度的研究，一般采用岩土力学中地基的计算方法，依据塑性理论，把地基中的极限平衡区分为三个区（图3-21a），以工作面超前支承压力为例（图3-21b），Ⅰ为主动应力区，Ⅱ为过渡区，Ⅲ为被动应力区。如图3-21a所示，在Ⅰ区、Ⅲ区中的∠*CBG*、∠*FED* 分别为

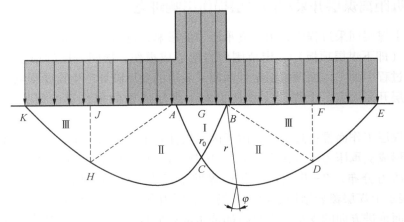

(a) 地基中的极限平衡区

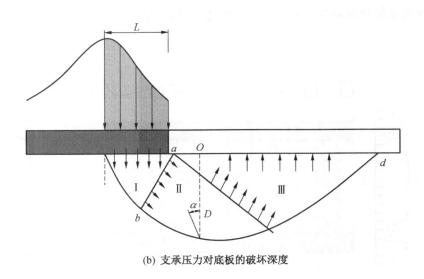

(b) 支承压力对底板的破坏深度

图 3 - 21　地基中的极限平衡区和支承压力对地板的破坏深度

$$\angle CBG = \angle CAG = 45° + \frac{\varphi}{2} \qquad (3-75)$$

$$\angle FED = \angle JKH = 45° - \frac{\varphi}{2} \qquad (3-76)$$

式中，φ 为底板岩体的内摩擦角。

在Ⅱ区中，曲线 CH 和曲线 CD 为对数螺线，其原点为 B 和 A，则其方程为

$$r = r_0 e^{\alpha \cdot \tan\varphi} \tag{3-77}$$

式中，r 为以 A、B 为原点与 r_0 成 α 角的螺线半径；r_0 为 BC 或 AC 的长度。

在上煤层回采工作面超前支承压力的影响下，设 D 为支承压力对底板岩体的破坏深度，则通过计算可得底板最大破坏深度为

$$D_{\max} = \frac{L \cdot \cos\left[\alpha - \left(\dfrac{\pi}{4} - \dfrac{\varphi}{2}\right)\right]}{2\cos\left(\dfrac{\pi}{4} + \dfrac{\varphi}{2}\right)} e^{\left(\frac{\pi}{4} + \frac{\varphi}{2}\right)\tan\varphi} \tag{3-78}$$

因此，最大破坏深度的位置为

$$\alpha_0 = \frac{L\sin\left[\alpha - \left(\dfrac{\pi}{4} - \dfrac{\varphi}{2}\right)\right]}{2\cos\left(\dfrac{\pi}{4} + \dfrac{\varphi}{2}\right)} e^{\left(\frac{\pi}{4} + \frac{\varphi}{2}\right)\tan\varphi} \tag{3-79}$$

值得注意的是，无论是沿工作面方向还是沿工作面推进方向，在同一方向上底板岩体各点所经历的支承压力峰值是不同的，随着支承压力峰值的不同，对底板的损伤程度也会有差异。以上煤层工作面超前支承压力为例（图3-22），假设在 IJ 处时上煤层工作面发生初次来压或周期来压，取工作面前方煤层上部 A 点、B 点、C 点和 D 点，则其所受到的超前支承压力峰值对应支承压力曲线上的 A′点、B′点、C′点和 D′点，四点所在的曲线分别为 A 点、B 点、C 点和 D 点所对应的支撑压力曲线。由于 A 点距离顶板岩层断裂线 IJ 的距离最短，随着工作面回采，由工作面前方煤体所承受的上覆岩层载荷也应最小；由于 D 点处于下一周期来压时顶板岩层断裂线附近，因此当工作面推进至 DK 附近时 D 点所达到的支承压力峰值应该最大。随着工作面的推进，当第一次发生周期来压后，工作面

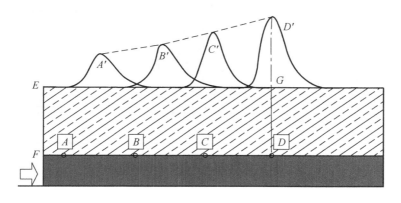

图3-22　工作面煤层顶板支撑压力变化规律

煤层上部各点重新进入下一个周期过程中的支承压力变化。依次可知，工作面超前支撑压力峰值随煤层所处位置的不同而存在差异，靠近断裂线偏采空区方向煤层上的点，受到的超前支承压力峰值均较大，而断裂线偏工作面推进方向煤层上的点，受到的超前支承压力峰值一般都较小，因此，超前支承压力并非对整个采场底板岩层都造成了损伤。

根据式（3－78）及图3－21可绘制与图3－22相对应的底板不同位置破坏深度变化曲线，如图3－23a所示。由于煤层本身具有一定的弹性变形范围，在该范围内会储存一部分能量，造成支承压力传递效率的降低，到达采空区底板时，很可能对煤层底板岩层的破坏深度大大减小。然而在顶板岩层周期破断的断

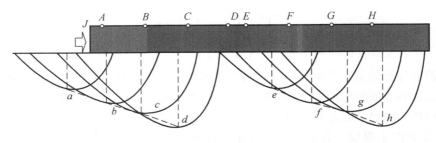

(a) 煤层底板破坏规律

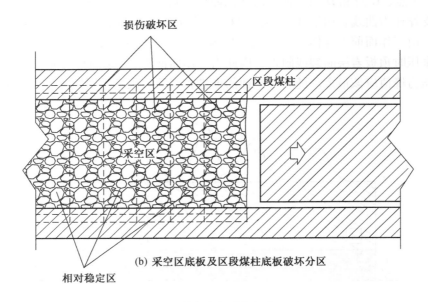

(b) 采空区底板及区段煤柱底板破坏分区

图3－23 煤层底板破坏规律及分区

裂线附近，由于超前支承压力很大，对底板岩层的破坏范围相对也会很大，这种对底板岩层的破坏不可避免。但是可据此对煤层底板岩层破坏深度的不同，综合考虑底板岩层力学性质，对底板岩层破坏进行分区。当破坏范围较小，且当支承压力传递至下煤层开采时对顶板起主要控制作用的岩层，若小于该岩层岩石的抗压强度，认为支承压力对层间岩层的稳定性影响较小，相反则影响较大，因此将煤层底板划分为相对稳定区、损伤破坏区。当下煤层工作面进行回采时，可根据预先划分的区域采用不同的顶板控制方案，保证工作面的安全生产。区段煤柱侧支承压力对煤层底板的破坏可采用相同的思路进行分析，通过分区对下煤层回采巷道进行分区控制。对于近距离煤层开采，当下煤层开采时工作面和回采巷道的破坏深度应以最大破坏深度区域进行验算，因此，上煤层底板破坏分区和计算对下煤层工作面顶板控制和回采巷道布置及稳定性控制有重要的参考价值。

综上所述，上煤层支承压力对煤层底板的破坏在近距离煤层开采中不容忽视，然而底板破坏深度不仅与上煤层周期来压规律、上覆岩层结构及运动规律相关，而且随着底板空间位置的变化，底板破坏深度也呈现出规律性变化。因此，在下煤层回采前进行工作面支架选型和巷道布置时应综合考虑，分区控制，保证下煤层工作面的安全高效生产。

4 近距离煤层开采采场应力分布及巷道合理错距数值研究

4.1 数值软件的选择及 3DEC 软件基本原理

在近距离煤层开采中，下煤层开采引起的上煤层覆岩结构回转、变形及破断对采场矿压影响显著，采场矿压与岩石的碎胀特性密切相关，已垮落散体矸石具有显著的非均匀性和各向异性，因此，在进行数值模拟时现有的大多数有限元法、有限差分法等数值模拟软件已不能满足近距离煤层覆岩结构及运动规律、采场应力分布、巷道围岩变形等研究的需要。离散元方法是从分析离散单元的块间接触入手，找出其接触的本构关系，从而建立接触的物理力学模型，并根据牛顿第二定律对非连续、离散的单元进行模拟仿真。目前，在采矿工程领域应用较为广泛的离散元软件主要有 UDEC、3DEC、PFC 等，它们都允许岩体沿结构面发生滑移、回转、断裂、滑落和离层，本书选用 3DEC 软件进行数值模拟计算。

3DEC 软件是在二维计算机数值程序 UDEC 的基础上发展而来的，主要是基于离散模型的显示单元法进行计算。首先，3DEC 软件对在静态或动态载荷作用下诸如节理岩体的离散介质的力学反应具有优势，岩石块体间的不连续被当作块体的边界条件处理；它允许受载岩体沿不连续面发生位移和旋转，单个块体既可以是刚性材料也可以是变形材料。块体发生变形后将被再次划分成有限差分单元网格，且新生成的单元网格均按照规定的线性或非线性规律响应。基于"拉格朗日算法"的 3DEC 软件适合多块体的系统运动和非线性大变形的模拟计算，对于近距离煤层开采过程中受采动影响下上覆岩层结构及运动规律、采场应力分布规律及围岩变形规律的模拟具有显著优势。因此，3DEC 模拟软件能够满足近距离煤层开采研究的需要，可以达到模拟计算预期的数值分析结果。

数值模拟中本构模型选择摩尔库伦破坏准则，节理本构模型选择库伦滑移破坏下的区域接触弹塑性模型，节理的剪切或拉伸破坏由黏聚力、张力和摩擦残余值确定。

4.2 近距离煤层开采不同层间距覆岩运动及采场应力分布数值模拟

4.2.1 数值模拟方案设计

数值模拟以山西晋神能源集团所属沙坪煤矿 8 号煤层分叉区近距离煤层开采条件为工程背景，8 号煤层分叉区 18203 工作面煤层均厚为 2.55 m，下面为 1808 工作面，煤层均厚 2.6 m。在 8 号上煤层顶板 12.69 m 处有一层厚 9 m 的细砂岩，是 8 号上煤层的关键层。该分叉区煤层间距约为层间距（夹矸厚度），为 3 ~ 9 m，上煤层工作面长度为 300 m，推进长度为 2785.4 m，工作面沿煤层倾斜布置，工作面巷道沿走向推进，沿顶板回采；回采巷道高度为 2.6 m，宽 5.4 m，巷道沿煤层顶底板掘进。根据工程实际情况和课题研究的需要，通过改变上下煤层层间距，研究上下煤层层间距分别为 3 m、8 m、13 m 和 18 m 时上煤层和下煤层开采覆岩结构及运动规律、下煤层采场应力分布规律及上煤层开采对煤层底板岩层的破坏等，详细设计方案见表 4 – 1。层间距不同时，随着下煤层的开采覆岩结构及运动规律将呈现出不同的特征，特别是当下煤层的开采引起上煤层关键层结构的失稳时，下煤层采场应力分布也有明显的差异。

表 4 – 1 数值模拟设计方案　　　　　　　　　　　　　m

序号	上煤层厚度	下煤层厚度	层间距	上煤层回采长度	下煤层回采长度
1	2.6	2.6	3	400	400
2	2.6	2.6	8	400	400
3	2.6	2.6	13	400	400
4	2.6	2.6	18	400	400

由于煤层埋深较浅，以现场实际岩层厚度进行数值模型的设计，数值模型及边界条件如图 4 – 1 所示。

4.2.2 结果分析

按照设计方案，先对各个方案中的上煤层进行回采，在上煤层回采过程中，滞后工作面 1 ~ 3 m 处采空区顶板开始发生明显下沉，下沉量为 37 mm，同时滞后工作面 3 m 处顶板上方 50 m 岩层出现明显横向裂纹；随着滞后工作面距离的增大，采空区顶板下沉量逐渐增大，距工作面 3 ~ 10 m 采空区顶板下沉量为

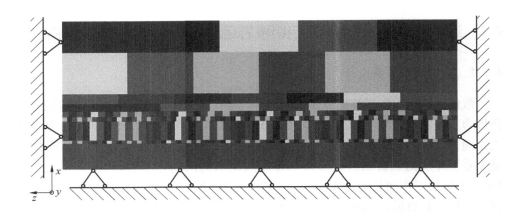

图 4 - 1　数值模拟三维模型

65 mm，距工作面 45 m 时采空区直接顶垮落稳定，距工作面 60 m 时采空区上覆岩层达到稳定状态（图 4 - 2a）。由图 4 - 2a 可知，距工作面 0.3 m 时，采空区底板在集中应力的作用下开始发生底鼓，滞后工作面 55 m 处底板变形稳定，距工作面 24 ~ 35.7 m 范围内采空区底鼓量达到最大，为 49.7 mm，其中底板出现显著破坏裂纹的最大深度为 3 m，说明在上煤层回采期间支撑压力对上煤层底板造成了严重的破坏，3 m 内底板岩层遭到明显破坏，裂纹发育，承载能力大大降

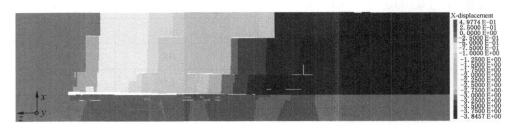

（a）上煤层回采期间覆岩 x 方向位移云图

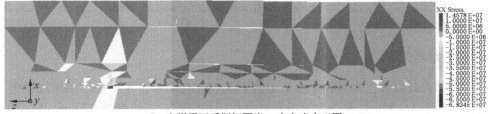

（b）上煤层回采期间覆岩 x 方向应力云图

图 4 - 2　上煤层回采期间覆岩 x 方向位移及应力云图

低。x 方向应力云图如图 4 - 2b 所示，在工作面回采期间，超前工作面 25 m 范围煤壁及其上方顶板内形成的应力集中，其中距工作面 1 m 范围内应力达 68.3 MPa，这是因为上煤层直接顶较坚硬，悬顶面积较大，造成工作面煤壁支撑压力较大。

图 4 - 3 所示为上煤层工作面回采期间上覆岩层和煤层底板裂隙分布图。由图 4 - 3 可知，在上煤层回采期间上覆岩层及底板产生了大量的裂隙，特别是上覆岩层中，在采动影响下裂隙发育，岩层间出现显著离层，各个岩层发生不同程度的断裂。虽然采空区覆岩运动稳定区域裂纹闭合，但发生断裂的岩层承载性能及稳定性降低是不容忽视的，在下煤层回采过程中，将对下煤层采场应力分布产生直接影响。

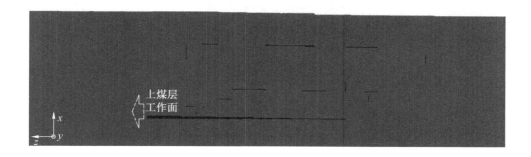

图 4 - 3　上煤层回采期间覆岩裂隙分布图

上煤层回采期间采场应力分布俯视图如图 4 - 4 所示。在工作面回采初期，由于工作面上覆岩层相对比较稳定，还未发生断裂，覆岩仍处于运动变形阶段，工作面超前 25 m 范围煤壁下方底板内应力集中程度较小，距工作面 4.5 m 处最大应力值仅为 5.0 MPa（图 4 - 4a）；而工作面初次来压后，工作面及采空区上覆岩层均受到不同程度的影响，裂隙发育贯通造成断裂，覆岩较大范围内岩层荷载造成工作面 25 m 范围煤壁下方底板内应力集中程度大幅增大，同时由于煤壁内集中应力的不断增大，造成浅部煤壁下方底板发生塑性破坏，应力值降低。距工作面 2.2 m 处煤壁下方底板应力达到最大值 17.0 MPa（图 4 - 4b）。

因此，上煤层的回采对下煤层工作面压力分布及稳定性的影响可归纳为两个方面：一是由于上煤层回采造成上覆岩层裂隙发育，断裂成岩块；二是上煤层回采期间的支撑压力造成一定范围内层间岩层产生裂纹，丧失承载能力。在下煤层回采期间，已断裂覆岩和层间岩层是下煤层围岩变形破坏的主要因素，也是工作面顶板稳定性控制的重点。

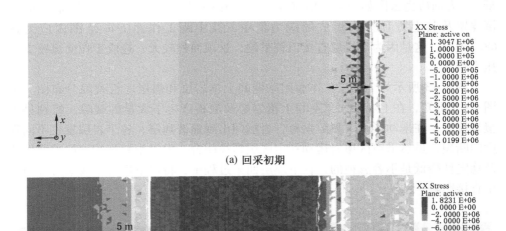

(a) 回采初期

(b) 回采期间

图 4-4 上煤层回采期间采空区底板应力分布俯视图

1. 当层间距为 3 m 时

当上下煤层间距为 3 m 时，下煤层工作面回采 64.8 m 时，距工作面 27 ~ 64.8 m 范围内采空区顶板发生显著下沉，最大下沉量达 360 mm，距工作面 28 m 处顶板出现纵向断裂裂纹，同时，滞后工作面 48 m 处上煤层垮落带也随层间岩层发生显著下沉，说明当层间距较小时，上煤层回采期间层间岩层在支撑压力的影响下遭到破坏，承载能力大大降低。当下煤层工作面回采一定距离后，层间岩层整体垮落，并贯通上煤层垮落带（图 4-5a）。在下煤层工作面正常回采期间，距工作面 13 ~ 72 m 范围内采空区顶板至地表岩层发生显著下沉，其荷载直接作用在下煤层工作面顶板之上。由图 4-5b 可知，受下煤层开采的影响，已断裂的覆岩岩块裂纹重新张开，覆岩离层进一步向上发育，距工作面 34 m 处采空区顶板上方 89 m 位置岩层发生离层，对工作面压力分布及顶板稳定性产生重要影响。

在下煤层工作面回采期间，上覆岩层沿工作面推进方向（沿 z 轴正方向）产生的位移大部分是因已断裂岩块的回转变形产生的，工作面顶板岩层的回转变形对工作面顶板的稳定性有重要影响。z 方向位移云图如图 4-6 所示，下煤层工

(a) 下煤层工作面回采初期

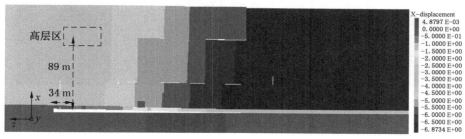

(b) 下煤层工作面回采期间

图 4 - 5　层间距为 3 m 时覆岩 x 方向位移云图

作面回采期间，距工作面顶板 35～89 m 范围岩层发生明显回转，且由图 4 - 6 可知，开始发生回转的位置超前工作面 15 m，因此，其回转变形将导致工作面煤壁的应力集中，是回采期间顶板控制的主要岩层，如在回采期间对工作面顶板控制不当，将造成煤壁片帮、顶板台阶下沉等事故。

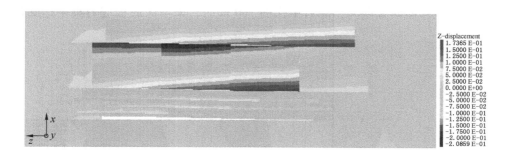

图 4 - 6　层间距 3 m 时覆岩 z 方向位移云图

在下煤层工作面回采期间，距工作面8 m时，采空区顶板24 m范围内岩层发生明显离层，且距工作面26 m采空区顶板上方89 m处产生离层，这是因为层间岩层厚度较小，稳定性差，下煤层工作面的回采使垮落带与上煤层垮落带贯通，从而导致在工作面附近较大范围内覆岩发生离层（图4-7）。

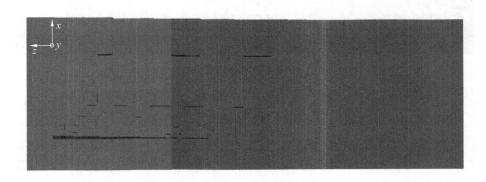

图4-7　层间距为3 m时下煤层回采期间覆岩裂隙分布图

在下煤层工作面回采初期，由于层间岩层的承载能力十分有限，工作面前方煤壁及采空区顶板的应力集中程度较小。如图4-8a所示，当工作面回采48 m时，工作面前方煤壁8 m范围内最大集中应力仅为5 MPa，采空区顶板岩层最大应力为17 MPa（图4-8a）。随着工作面的回采，已断裂上覆岩层的回转运动对工作面煤壁造成较大的应力集中，最大应力为33.1 MPa，明显大于工作面回采初期煤壁的最大应力，应力集中范围也扩大至超前工作面12 m（图4-8b）。

工作面回采初期，下煤层底板超前支撑压力分布区域比煤层中范围较大，达50 m；在工作面回采期间，滞后工作面160 m时，采空区底板应力集中达到最

(a) 工作面回采初期

(b) 工作面回采期间

图4-8　层间距3m时覆岩 x 方向应力云图

大，为8.3 MPa（图4-9a）。因此，在下煤层工作面回采期间，采场底板应力分布依次可划分为三个区：超前应力集中区、滞后应力集中区和应力稳定区（图4-9b），采空区应力集中区与采空区稳定区间距为120 m。

(a) 工作面回采初期

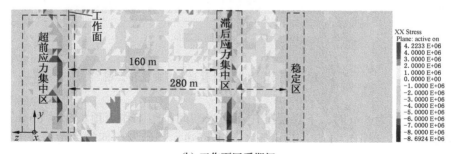

(b) 工作面回采期间

图4-9　层间距3m时覆岩 x 方向应力分布俯视图

2. 当层间距为 8 m 时

当上下煤层间距为 8 m 时，下煤层工作面回采 103 m 时，滞后工作面 79.2 ~ 103 m 范围内采空区顶板发生显著下沉，最大下沉量达 250 mm，滞后工作面 79.2 m 范围内顶板下沉不明显，超前工作面 26 m 及采空区底板发生微小底鼓，为 2.6 mm（图 4 – 10a）。在下煤层工作面正常回采期间，距工作面 43.2 ~ 64.8 m 范围内采空区顶板至地表岩层发生显著下沉，然而由于层间距的增大，采空区顶板上方 89 m 岩层发生离层位置滞后工作面距离增大至 84 m（图 4 – 10b），因此，工作面顶板的应力集中程度有所缓和。

(a) 下煤层工作面回采初期

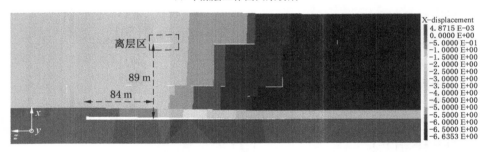

(b) 下煤层工作面回采期间

图 4 – 10　层间距为 8 m 时覆岩 x 方向位移云图

当层间距为 8 m 时，下煤层工作面回采期间，距工作面顶板 35 ~ 89 m 范围岩层发生回转（图 4 – 11），且由图 4 – 11 可知，开始发生回转的位置也是超前工作面 15 m。但与层间距为 3 m 时不同的是该区域 z 方向位移为 250 mm，明显大于层间距为 3 m 时的 185 mm，这是因为随着层间距的增大覆岩运动回转空间虽然减小，但其上位岩层在该条件下的承载能力相对增大，岩块再次断裂的长度增大，承载的覆岩荷载随之增大，导致了 z 方向位移增大。

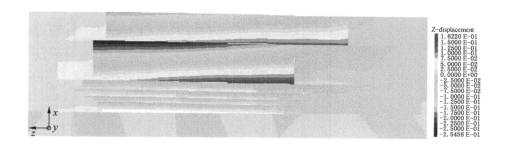

图4-11 层间距8m时覆岩z方向位移云图

在下煤层工作面回采期间，距工作面55.2 m采空区顶板上方89 m范围内岩层离层量大大减少，仅距采空区顶板48 m和55.2 m处产生少量离层（图4-12），这是因为随着层间岩层厚度的增大，层间岩层承载能力和完整性得到提高，限制或减缓了工作面上覆岩层的回转运动。

图4-12 层间距为8m时下煤层回采期间覆岩裂隙分布图

由于层间岩层承载能力和完整性随层间岩层厚度的增大而得到提高，当层间距为8 m时，在下煤层工作面回采初期，工作面前方煤壁及采空区顶板的应力集中程度较小。当工作面回采72 m时，工作面前方煤壁63 m范围内最大集中应力仅为10 MPa，由于此时采空区顶板并未完全垮落，上覆岩层仍能保持一定的稳定，采空区顶板岩层最大应力仅为2.5 MPa（图4-13a）。随着工作面的回采，采空区垮落矸石能够在滞后工作面较远处对工作面附近已断裂上覆岩块形成一定的支撑，工作面前方煤壁最大应力有所减小，为30 MPa，但由于工作面顶板完整性提高，超前煤壁支撑压力范围扩大至63 m（图4-13b）。

当上下煤层层间距为8 m时，在工作面回采初期，由于层间岩层厚度的增大，下煤层底板超前支撑压力分布区域有所减小，为26 m（图4-14a）；在工作

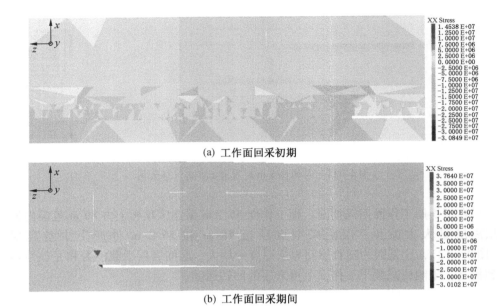

(a) 工作面回采初期

(b) 工作面回采期间

图 4 - 13　层间距 8 m 时覆岩 x 方向应力云图

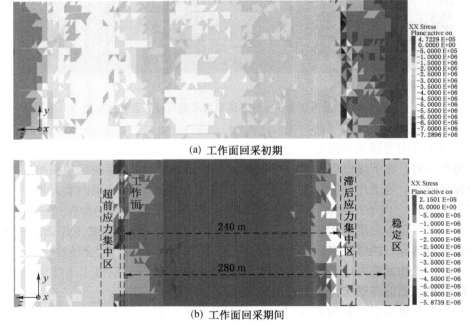

(a) 工作面回采初期

(b) 工作面回采期间

图 4 - 14　层间距 8 m 时覆岩 x 方向应力分布俯视图

面回采期间，滞后工作面 240 m 时，采空区底板应力集中达到最大，为 4.2 MPa，相比层间距为 3 m 时采空区应力最大值减小 4.1 MPa，滞后应力集中区距工作面距离增至 240 m，应力稳定区滞后工作面距离增至 280 m（图 4-14b）。

3. 当层间距为 13 m 时

当上下煤层间距为 13 m 时，下煤层工作面回采 86 m 时，滞后工作面 62～86 m 范围内采空区顶板发生显著下沉，最大下沉量达 330 mm；滞后工作面 62 m 范围内顶板下沉不明显且距采空区顶板 8 m 以上岩层均未发生明显变形，滞后工作面 32～86 m 采空区底板发生明显底鼓，最大为 79 mm（图 4-15a）。在下煤层工作面正常回采期间，距工作面 12～72 m 范围内采空区顶板至地表岩层发生显著下沉，由于层间距的增大，采空区顶板上方 89 m 岩层发生离层位置滞后工作面距离增至 112 m（图 4-15b）。

(a) 下煤层工作面回采初期

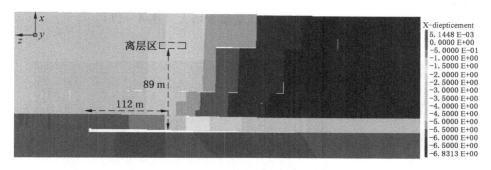

(b) 下煤层工作面回采期间

图 4-15 层间距为 13 m 时覆岩 x 方向位移云图

当层间距为 13 m 时，下煤层工作面回采期间，距工作面顶板 35～89 m 范围岩层发生回转（图 4 – 16），由图 4 – 16 可知，开始发生回转的位置也是超前工作面 15 m。但与层间距为 8 m 时不同的是该处岩块 z 方向最大位移量为 254 mm，而层间距为 8 m 时该区域最大 z 方向位移量仅增大 4 mm。说明下煤层回采时，上覆岩层已断裂成岩块，当层间岩层厚度增至某一值时，覆岩已断裂岩块的回转运动不再由层间距决定，此时覆岩断裂岩块的长度成为影响其回转变形的主要因素。

图 4 – 16　层间距 13 m 时覆岩 z 方向位移云图

在下煤层工作面回采期间，距工作面 77.3 m 采空区顶板上方 89 m 范围内岩层离层量大大减少，距工作面 77.3 m 采空区顶板上方 89 m 处产生离层，但离层量显著增大。这是因为随着层间岩层厚度的增大，层间岩层的承载能力和完整性得到提高，但在覆岩荷载的作用下随着距工作面距离的增加采空区顶板下沉量增大，从而导致 89 m 处出现离层时，离层量显著增大（图 4 – 17）。

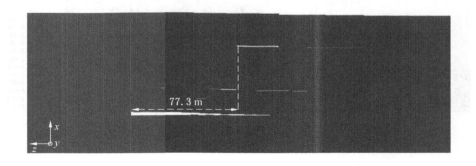

图 4 – 17　层间距为 13 m 时下煤层回采期间覆岩裂隙分布图

层间距 13 m 时覆岩 x 方向应力云图如图 4 – 18 所示，当工作面回采 98 m 时，工作面前方煤壁 18 m 范围内最大集中应力仅为 26.5 MPa，而此时采空区顶板岩层最大应力增大至 8.5 MPa，这两个区域应力值与层间距为 8 m 时均有所增大，因此可知，工作面煤壁及采空区顶板岩层应力集中并非单一取决于层间岩层，与滞后工作面距离、采空区顶板下沉值等也有密切联系。但随着工作面的回采，采空区垮落矸石仍能够在滞后工作面较远处对工作面附近已断裂上覆岩块形成一定的支撑，工作面前方煤壁最大应力与层间距为 8 m 时基本相当，为 31.5 MPa（图 4 – 18b）。

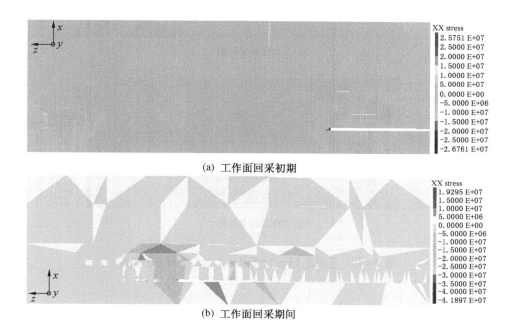

(a) 工作面回采初期

(b) 工作面回采期间

图 4 – 18　层间距 13 m 时覆岩 x 方向应力云图

层间距 13 m 时覆岩 x 方向应力分布俯视图如图 4 – 19 所示，在工作面回采初期，由于层间岩层厚度的进一步增大，下煤层底板超前支撑压力分布区域显著，为 60 m，这是因为工作面超前支撑压力参数受层间距、采空区悬顶距离等因素的共同影响。在工作面回采期间，滞后工作面 270 m 时，采空区底板应力集中达到最大，为 3.5 MPa，相比层间距为 8 m 时采空区应力最大值减小 0.7 MPa，滞后应力集中区距工作面距离增大至 270 m，应力稳定区滞后工作面距离增大至 300 m。由此可见，随着层间距的不断增大，层间岩层的垮落能够有效充填采空区，从而造成覆岩回转变形速度大大减小，采空区应力集中值逐渐降低，采空区应力稳定区与应力集中区界线逐渐减弱。

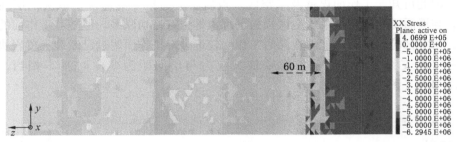

(a) 工作面回采初期

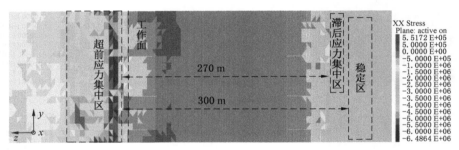

(b) 工作面回采期间

图 4 – 19　层间距 13 m 时覆岩 x 方向应力分布俯视图

4. 当层间距为 18 m 时

当上下煤层间距为 18 m 时，下煤层工作面回采 112 m 时，滞后工作面 22 ~ 112 m 范围内采空区顶板发生显著下沉，最大下沉量达 415 mm；滞后工作面 22 m 范围内顶板下沉不明显，但滞后 58 m 处采空区顶板上方 48 m 岩层发生明显离层，这是由于采空区悬顶面积较大，顶板发生明显下沉造成的（图 4 – 20a）。在下煤层工作面正常回采期间，距工作面 9.6 ~ 79.2 m 范围内采空区顶板至地表岩层发生显著下沉，最大下沉量为 420 mm。然而由于层间距的增大，采空区顶板上方 89 m 岩层发生离层位置滞后工作面距离增大至 172.8 m（图 4 – 15b）。

当层间距为 18 m 时（图 4 – 21），下煤层工作面回采期间，距工作面顶板 35 ~ 89 m 的岩层发生回转，由图 4 – 21 可知，开始发生回转的位置也是超前工作面 15 m。

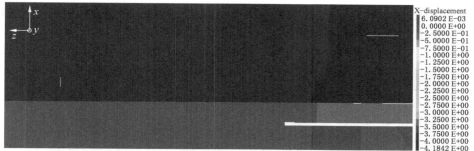

(a) 下煤层工作面回采初期

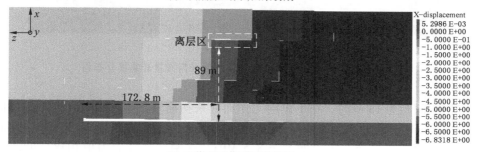

(b) 下煤层工作面回采期间

图 4 - 20　层间距为 18 m 时覆岩 x 方向位移云图

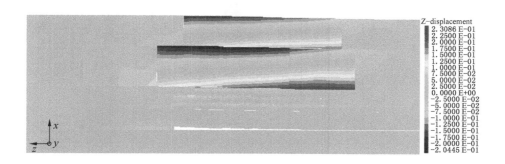

图 4 - 21　层间距 18 m 时覆岩 z 方向位移云图

由图 4 - 22 可知，在下煤层工作面回采期间，距工作面 140 m 采空区顶板上方 89 m 范围内岩层离层量大大减少，距工作面 77.3 m 采空区顶板上方 89 m 处产生离层，但离层量显著增大。这是因为随着层间岩层厚度的增大，层间岩层承载能力和完整性得到提高，受覆岩荷载的作用，随着与工作面距离的增加采空区顶板下沉量增大，从而导致89 m处出现离层时，离层量显著增大。

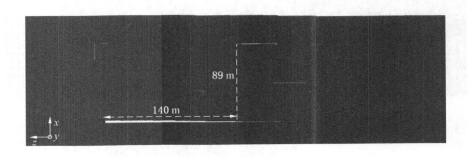

图4-22　层间距为18 m时下煤层回采期间覆岩裂隙分布图

当层间距为18 m时，在下煤层工作面回采初期（图4-23a），当工作面回采106.1 m时，工作面前方煤壁24 m范围内最大集中应力仅为26.5 MPa，而此时采空区顶板岩层最大应力增大至8.5 MPa，这两个区域应力值相比层间距为8 m时均有所增大。但随着工作面的回采，采空区垮落矸石仍能够在滞后工作面

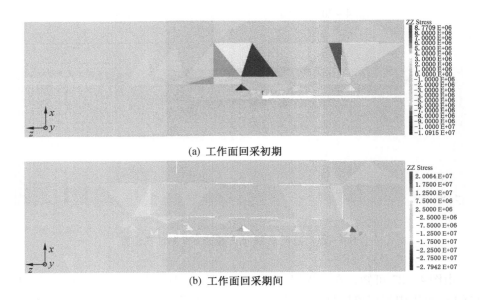

(a) 工作面回采初期

(b) 工作面回采期间

图4-23　层间距18 m时覆岩x方向应力云图

较远处对工作面附近已断裂上覆岩块形成一定的支撑，工作面前方煤壁最大应力相比层间距为 13 m 时略小，为 25.5 MPa（图 4-23b）。这是因为当层间距增大至一定程度时，下煤层工作面压力分布受上覆岩层运动的影响较小，此时工作面顶板稳定性及支撑压力大小取决于层间岩层的性质。

当上下煤层层间距为 18 m 时（图 4-24a），在工作面回采初期，由于层间岩层厚度的进一步增大，下煤层底板超前支撑压力分布区域显著，为 65 m，这是因为此时对工作面压力分布影响的决定因素主要是层间岩层的性质。在工作面回采期间，滞后工作面 270 m 时，采空区底板应力集中达到最大，为 4.5 MPa，相比层间距为 8 m 时采空区应力最大值增大 0.7 MPa，滞后应力集中区距工作面距离增大至 270 m，应力稳定区滞后工作面距离增大至 290 m（图 4-24b）。进一步说明，随着层间距的不断增大，层间岩层的垮落能够有效充填采空区，从而造成覆岩回转变形速度大大减小，采空区应力集中值逐渐降低，采空区应力稳定区与应力集中区界线逐渐减弱。

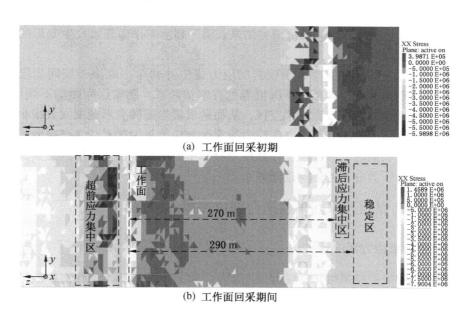

(a) 工作面回采初期

(b) 工作面回采期间

图 4-24　层间距 18 m 时覆岩 x 方向应力分布俯视图

通过上述研究可以得到以下结论：

（1）上煤层的回采对下煤层工作面压力分布及稳定性的影响主要可归纳为两个方面：一是由于上煤层回采造成上覆岩层裂隙发育，断裂成岩块；二是上煤层回采期间的支撑压力造成一定范围内层间岩层产生裂纹，丧失承载能力。在下煤层回采期间，已断裂覆岩和层间岩层是下煤层围岩变形破坏的主要因素，是工作面顶板稳定性控制的重点。当层间岩层厚度增大至某一值时，覆岩已断裂岩块的回转运动不再由层间距决定，而此时覆岩断裂岩块的长度成为影响其回转变形的主要因素。

（2）受下煤层开采的影响，已断裂的覆岩岩块裂纹重新张开，覆岩离层进一步向上发育；随着上下煤层层间距的逐渐增大，工作面附近顶板裂纹和离层逐渐减少，覆岩 89 m 范围内岩层离层发生时滞后工作面距离越远。因此，随着层间距的减小，覆岩回转运动及失稳对工作面压力分布影响越大，工作面支撑压力范围及强度也相应增大。

（3）无论层间距如何变化，都无法避免较大范围内覆岩的回转、下沉和断裂；下煤层工作面回采期间，覆岩中关键层的回转变形随层间距的增大，变形量逐渐减小，但并非是线性关系，在一定范围内，随着层间距的增大，层间岩层承载能力相对增大，岩块再次断裂的长度增大，承载的覆岩荷载随之增大，因此导致了 z 向位移增大。然而，数值研究结果表明，超前工作面开始发生变形的位置基本保持不变。

（4）工作面煤壁及采空区顶板岩层应力集中并非单一取决于层间岩层，与滞后工作面距离、采空区顶板下沉值等也有密切联系。随着层间距的不断增大，层间岩层的垮落能够有效充填采空区，从而造成覆岩回转变形速度大大减小，采空区应力集中值逐渐降低，采空区应力稳定区与应力集中区界线逐渐减弱。当层间距增大至某一值时，下煤层工作面压力分布主要取决于层间岩层的性质，覆岩运动对工作面压力分布的影响逐渐减小。

4.3 近距离煤层开采回采巷道合理位置数值模拟

4.3.1 数值模拟方案设计

由 4.2 的研究结果可知，随着层间岩层厚度的不断减小，工作面矿压显现越加剧烈，工作面顶板及巷道稳定性控制难度不断增大。因此，在下煤层进行工作面布置时，其合理位置的确定就变得尤为重要。在第 3 章对上煤层开采底板损伤区分析的基础上，本节将通过设计上下煤层回采巷道的不同位置，开展近距离煤层下煤层回采巷道合理位置数值模拟研究。

数值模拟设计方案见表 4－2，设计上下煤层层间距为 3 m，通过改变下煤层巷道与上煤层回采巷道的相对位置，研究近距离煤层条件下巷道的合理位置。根据沙坪煤矿煤系岩层力学参数及煤层赋存条件，建立方案三维模型尺寸为

400 m×200 m×96.8 m（长×宽×高），巷道尺寸为5.4 m×2.6 m（宽×高），上煤层工作面长度为300 m，上煤层采高2.6 m，下煤层采高2.6 m，下煤层工作面长度根据回采巷道错距（内错10 m、内错5 m、对位布置、外错5 m和外错10 m)的不同回采长度分别为280 m、290 m、300 m、310 m和320 m，按照现场实际平均回采速度5 m/d，每次回采长度为5 m。三维模型图如图4-25所示。

表4-2 数值模拟设计方案

序号	上煤层厚度/m	下煤层厚度/m	层间距/m	巷道错距/m
1	2.6	2.6	3	内错10
2	2.6	2.6	3	内错5
3	2.6	2.6	3	对位布置
4	2.6	2.6	3	外错5
5	2.6	2.6	3	外错10

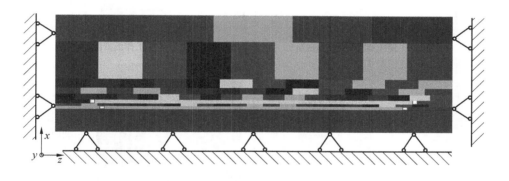

图4-25 数值模拟三维模型

4.3.2 结果分析

1. 下煤层巷道内错10 m

在x向位移方面，随着上煤层工作面的回采，当下煤层回采巷道距上煤层工作面85 m时，距下煤层巷道正帮8 m处开始发生位移，随着工作面持续推进，发生位移区域并不向下煤层巷道正帮扩展，而是继续向底板深部发展，但下煤层巷道围岩位移量逐渐增大，当上煤层工作面回采至下煤层巷道附近时，下煤层巷道正帮位移量达8 mm、副帮为16 mm，顶板变形不明显；但当滞后上煤层工作面140 m时，巷道副帮位移量突然由39 mm增大至63 mm，这是由于上煤层采空区覆岩的整体垮落对处于上煤层工作面采空区的下煤层巷道围岩变形产生影响。随着上煤层工作面的继续推进，下煤层回采巷道围岩持续变形，当下煤层巷道滞后上煤层工作面 150 m 时，下煤层巷道围岩变形达到峰值，顶板下沉量为 3 mm、正帮位移量为 16 mm、副帮位移量为 66 mm。在下煤层工作面回采阶段，超前工作面 45 m 处巷道围岩开始进一步变形，当巷道距工作面 15 m 时，巷道正帮和顶板变形显著，当工作面推进至该位置时，巷道副帮变形不明显，巷道正帮变形量增大至 18 mm，巷道顶板下沉量增大至 5 mm，上煤层和下煤层回采期间巷道围岩 x 方向位移云图及上煤层和下煤层回采期间巷道围岩变形曲线如图 4－26、图 4－27 所示。

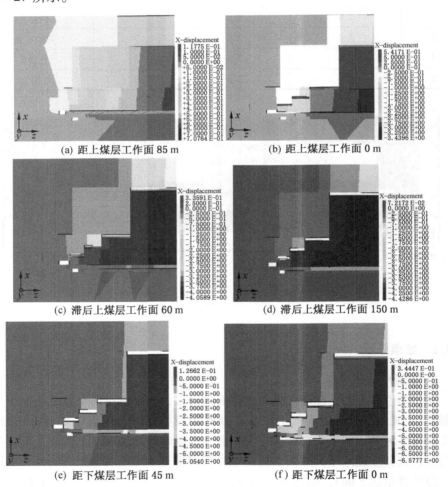

(a) 距上煤层工作面 85 m

(b) 距上煤层工作面 0 m

(c) 滞后上煤层工作面 60 m

(d) 滞后上煤层工作面 150 m

(e) 距下煤层工作面 45 m

(f) 距下煤层工作面 0 m

图 4－26　上煤层和下煤层回采期间巷道围岩 x 方向位移云图

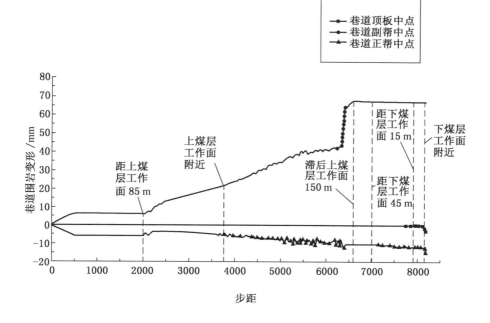

图 4-27 上煤层和下煤层回采期间巷道围岩变形曲线

在 x 向应力方面，随着上煤层工作面的回采，当下煤层回采巷道距上煤层工作面 85 m 时，下煤层回采巷道围岩产生应力集中并随着工作面的回采逐渐增大。随着工作面持续推进，下煤层巷道围岩应力集中程度逐渐增大，但增大幅度较小。当上煤层工作面推进至该位置附近时，下煤层巷道顶板中点和巷道副帮中点应力值均为 1.6 MPa，巷道正帮应力值为 2.0 MPa，显然，此时下煤层巷道正帮应力略大于副帮应力。当下煤层巷道滞后上煤层工作面 150 m 时，下煤层巷道顶板及副帮应力为 2.0 MPa，正帮应力为 3.0 MPa，此时下煤层巷道围岩应力分布达到稳定状态。可见，当下煤层巷道内错 10 m 布置时，上煤层巷道回采期间对下煤层巷道围岩应力分布的影响较小。随着下煤层工作面的回采，当巷道距工作面 45 m 时，巷道围岩应力值再次出现波动，开始阶段应力略有减小，这是由于下煤层巷道围岩发生一定程度的塑性破坏，但随之又逐渐增大。当距工作面 15 m 时，巷道顶板和正帮应力值突然增大，但方向相反，巷道顶板最大应力值为 6.0 MPa，正帮最大应力值为 16.0 MPa，副帮应力值变化不明显。上煤层和下煤层回采期间巷道围岩 x 方向应力云图及巷道围岩应力变化曲线如图 4-28、

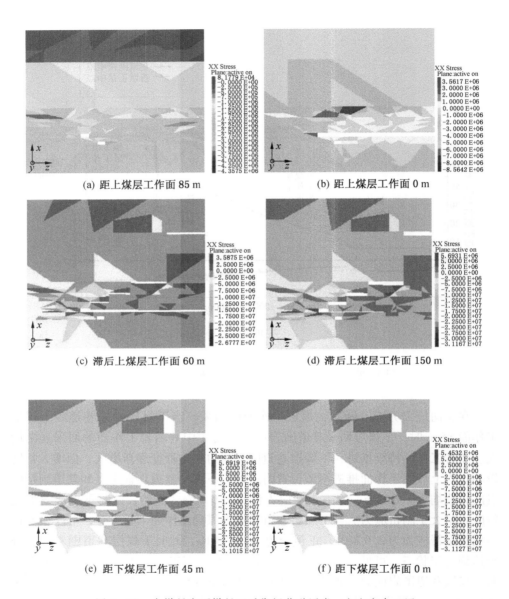

(a) 距上煤层工作面 85 m   (b) 距上煤层工作面 0 m

(c) 滞后上煤层工作面 60 m   (d) 滞后上煤层工作面 150 m

(e) 距下煤层工作面 45 m   (f) 距下煤层工作面 0 m

图 4-28 上煤层和下煤层回采期间巷道围岩 x 方向应力云图

图 4-29 所示。

2. 下煤层巷道内错 5 m

在 x 向位移方面，随着上煤层工作面的回采，当下煤层回采巷道距上煤层工

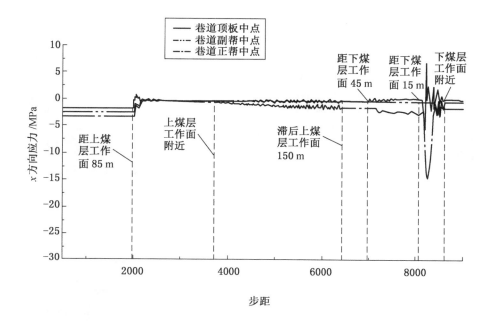

图4-29　上煤层和下煤层回采期间巷道围岩应力变化曲线

作面75 m时，距下煤层巷道正帮8 m处开始发生位移，随着工作面持续推进，发生位移区域并不向下煤层巷道正帮扩展，而是逐渐继续向底板深部发展，但下煤层巷道围岩位移量逐渐增大，当上煤层工作面回采至下煤层巷道附近时，下煤层巷道正帮位移量达5 mm、副帮为18 mm，顶板变形不明显；但当滞后上煤层工作面110 m时，巷道副帮位移量突然由35 mm增大至51 mm。随着上煤层工作面的继续推进，下煤层回采巷道围岩持续变形，当下煤层巷道滞后上煤层工作面140 m时，下煤层巷道围岩变形达到峰值，顶板下沉量为2.8 mm、正帮位移量为9 mm、副帮位移量为55 mm。由此可见，当下煤层巷道内错布置时，在上煤层工作面回采期间，下煤层巷道副帮变形量远大于正帮，巷道顶板下沉量相对较小；随着内错距离的减小，巷道围岩整体变形量减小。在下煤层工作面回采阶段，超前工作面40 m处巷道围岩开始进一步变形，当巷道距工作面15 m时，巷道正帮和顶板变形显著，当工作面推进至该位置时，巷道副帮变形不明显，巷道正帮变形量增大至13 mm，巷道顶板下沉量增大至4 mm，说明在下工作面回采期间，工作面采动影响距离随内错距离的减小而减小，且巷道围岩变形随内错距离的减小也相应减小。上煤层和下煤层回采期间巷道围岩x方向位移云图及上煤层和下煤层回采期间巷道围岩变形曲线如图4-30、图4-31所示。

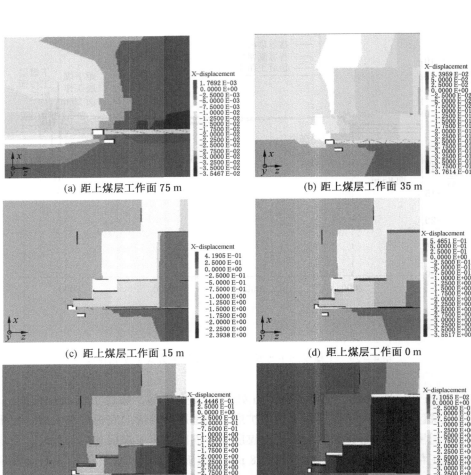

(a) 距上煤层工作面 75 m　　　　　　　(b) 距上煤层工作面 35 m

(c) 距上煤层工作面 15 m　　　　　　　(d) 距上煤层工作面 0 m

(e) 滞后上煤层工作面 60 m　　　　　　(f) 滞后上煤层工作面 120 m

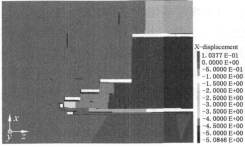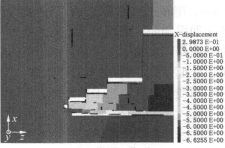

(g) 距下煤层工作面 40 m　　　　　　　(h) 距下煤层工作面 0 m

图 4-30　上煤层和下煤层回采期间巷道围岩 x 方向位移云图

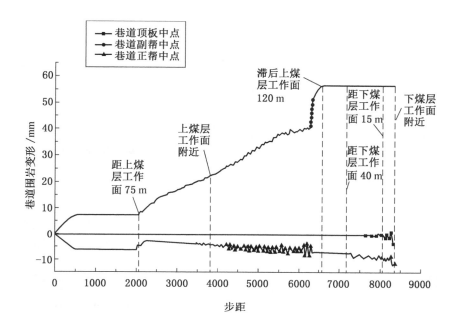

图 4-31 上煤层和下煤层回采期间巷道围岩变形曲线

在 x 向应力方面，随着上煤层工作面的回采，当下煤层回采巷道距上煤层工作面 75 m 时，下煤层回采巷道围岩产生应力集中，并随着工作面的回采逐渐增大。随着工作面持续推进，下煤层巷道围岩应力集中程度逐渐增大，但增大幅度仍较小。当上煤层工作面推进至该位置附近时，下煤层巷道顶板中点应力值为 0.8 MPa，巷道副帮中点应力值为 1.8 MPa，巷道正帮应力值为 2.1 MPa。当下煤层巷道滞后上煤层工作面 120 m 时，下煤层巷道顶板应力为 1.8 MPa，副帮应力为 2.0 MPa，正帮应力为 2.7 MPa，此时下煤层巷道围岩应力分布达到稳定状态。可见，当下煤层巷道内错 5 m 布置时，上煤层巷道回采期间对下煤层巷道围岩应力分布的影响仍然较小，但内错 5 m 比内错 10 m 时巷道围岩应力略有减小。随着下煤层工作面的回采，当巷道距工作面 40 m 时，巷道围岩应力值再次出现波动，且波动幅度相比内错 10 m 时大。当距工作面 15 m 时，巷道顶板和正帮应力值突然增大，但方向相反，巷道顶板最大应力值为 0.8 MPa，正帮最大应力值为 22.0 MPa，副帮应力值变化不明显，说明当内错布置时，下煤层工作面回采对巷道正帮影响较大。上煤层和下煤层回采期间巷道围岩 x 方向应力云图及巷道围岩应力变化曲线如图 4-32、图 4-33 所示。

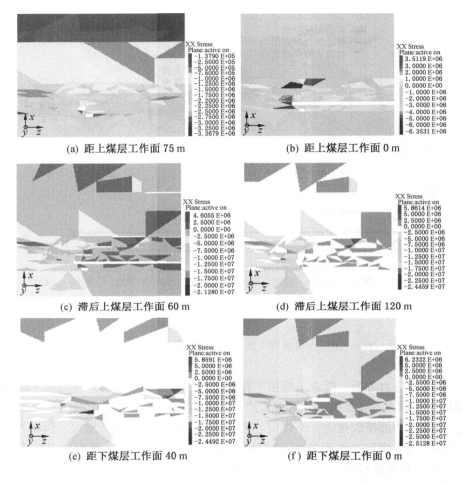

(a) 距上煤层工作面 75 m   (b) 距上煤层工作面 0 m

(c) 滞后上煤层工作面 60 m   (d) 滞后上煤层工作面 120 m

(e) 距下煤层工作面 40 m   (f) 距下煤层工作面 0 m

图 4 -32   上煤层和下煤层回采期间巷道围岩 x 方向应力云图

3. 上下煤层巷道对位布置

在 x 向位移方面，随着上煤层工作面的回采，当下煤层回采巷道距上煤层工作面 70 m 时，下煤层巷道两帮开始发生显著变形，随着工作面持续推进，两帮变形量逐渐增大，但下煤层巷道顶板位移量变化不明显。随着工作面的推进，当距上煤层工作面 40 m 时，下煤层巷道正帮位移出现回弹，这是由上煤层工作面的开采造成煤层底板底鼓引起的。当上煤层工作面回采至下煤层巷道附近时，距下煤层巷道正帮位移量达 4 mm、副帮为 21 mm，顶板变形不明显；但当滞后上煤层工作面 100 m 时，巷道副帮位移量突然由 41 mm 增大至 55 mm。随着上煤层

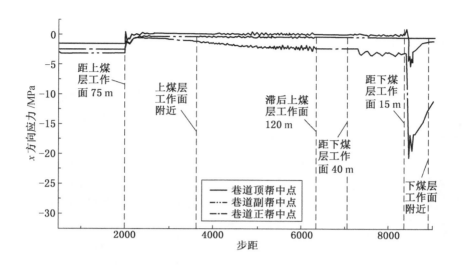

图 4-33　上煤层和下煤层回采期间巷道围岩应力变化曲线

工作面的继续推进，下煤层回采巷道围岩持续变形，当下煤层巷道滞后上煤层工作面 110 m 时，下煤层巷道顶板下沉量为 0.8 mm、正帮位移量为 11 mm、副帮位移量为 56 mm。在下煤层工作面回采阶段，超前工作面 30 m 处巷道围岩开始进一步变形，当巷道距工作面 15 m 时，巷道正帮和顶板变形显著，当工作面推进至该位置时，巷道副帮变形不明显，巷道正帮变形量增大至 35 mm，巷道顶板下沉量增大至 22 mm，说明当上下煤层巷道对位布置时，巷道顶板下沉量及两帮移近量均大幅增大。上煤层和下煤层回采期间巷道围岩 x 方向位移云图及上煤层和下煤层回采期间巷道围岩变形曲线如图 4-34、图 4-35 所示。

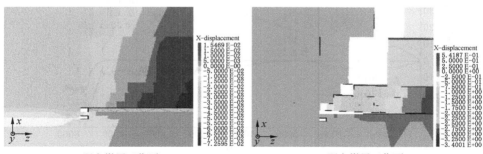

(a) 距上煤层工作面 70 m　　　　　　(b) 距上煤层工作面 0 m

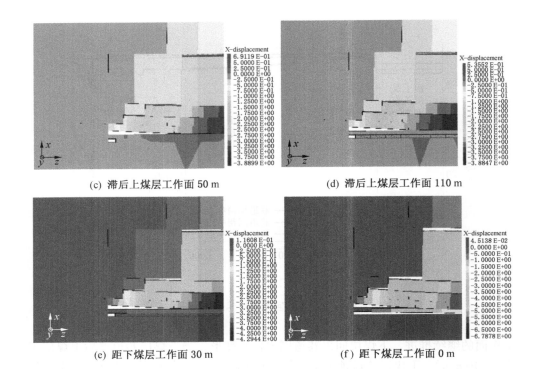

(c) 滞后上煤层工作面 50 m

(d) 滞后上煤层工作面 110 m

(e) 距下煤层工作面 30 m

(f) 距下煤层工作面 0 m

图 4-34　上煤层和下煤层回采期间巷道围岩 x 方向位移云图

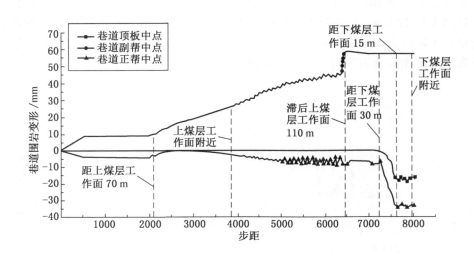

图 4-35　上煤层和下煤层回采期间巷道围岩变形曲线

在 x 向应力方面，随着上煤层工作面的回采，当下煤层回采巷道距上煤层工作面 70 m 时，下煤层回采巷道围岩产生应力集中，并随着工作面的回采逐渐增大。随着工作面持续推进，下煤层巷道围岩应力集中程度逐渐增大，但巷道正帮应力增大幅度明显大于巷道副帮和巷道顶板。当上煤层工作面推进至该位置附近时，下煤层巷道顶板中点应力值为 1.3 MPa，巷道副帮中点应力值为 2.6 MPa，巷道正帮应力值为 12.7 MPa。当下煤层巷道滞后上煤层工作面 110 m 时，下煤层巷道顶板应力减小至 0.7 MPa，副帮应力增大至 3.6 MPa，正帮应力显著增大，为 17.6 MPa，此时下煤层巷道围岩应力分布达到稳定状态。可见，当下煤层巷道对位布置时，下煤层巷道正帮应力明显增大，这是因为此时巷道正帮正好处于上煤层区段煤柱下。随着下煤层工作面的回采，当巷道距工作面 30 m 时，巷道顶板和正帮应力值波动幅度显著增大。当距工作面 15 m 时，巷道正帮应力值达到最大，正帮最大应力值为 27.0 MPa，副帮应力值变化不明显，此时巷道顶板和正帮应力值随着距工作面距离的减小而逐渐减小，这是由于工作面超前支撑影响下煤层发生塑性破坏。上煤层和下煤层回采期间巷道围岩 x 方向应力云图及巷道围岩应力变化曲线如图 4-36、图 4-37 所示。

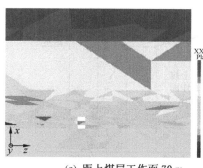

(a) 距上煤层工作面 70 m

(b) 距上煤层工作面 0 m

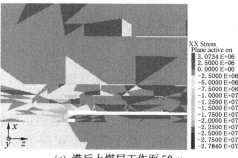

(c) 滞后上煤层工作面 50 m

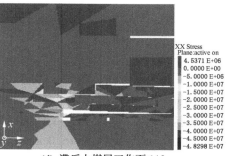

(d) 滞后上煤层工作面 110 m

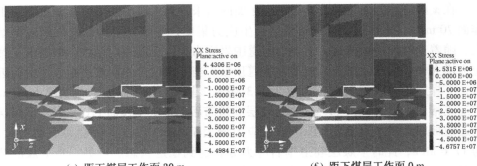

(e) 距下煤层工作面 30 m   (f) 距下煤层工作面 0 m

图 4 - 36   上煤层和下煤层回采期间巷道围岩 x 方向应力云图

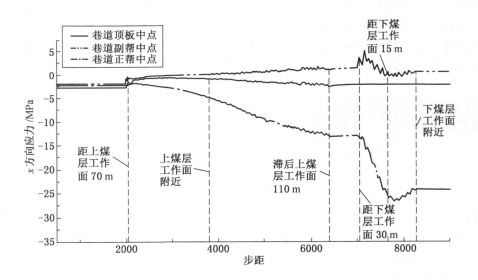

图 4 - 37   上煤层和下煤层回采期间巷道围岩应力变化曲线

4. 下煤层巷道外错 5 m

在 x 向位移方面,随着上煤层工作面的回采,当下煤层回采巷道距上煤层工作面 70 m 时,下煤层巷道两帮开始发生显著变形,随着工作面持续推进,两帮变形量逐渐增大。当上煤层工作面回采至下煤层巷道附近时,下煤层巷道正帮位移量为 2.0 mm、副帮为 16.0 mm,顶板变形不明显;但当滞后上煤层工作面 80 m 时,巷道副帮位移量增大至 22.5 mm,副帮在滞后上煤层工作面一定距离时的位移突增现象消失。由此可见,随着下煤层巷道由内错逐渐改变为外错布置,下煤层巷道稳定时滞后上煤层工作面的距离逐渐减小，且稳定时下煤层巷道副帮的突变现象逐渐消失。在下煤层工作面回采阶段，超前工作面 20 m 处巷道围岩开始进一步变形，当巷道距工作面 10 m 时，巷道正帮和顶板变形显著，当工作面推进至该位置时，巷道副帮变形不明显，巷道围岩变形量均有所增大，巷道正帮位移量为 15.1 mm、副帮为 24.0 mm，顶板变形量为 3 mm。上煤层和下煤层回采期间巷道围岩 x 方向位移云图及上煤层和下煤层回采期间巷道围岩变形曲线如图 4 – 38、图 4 – 39 所示。

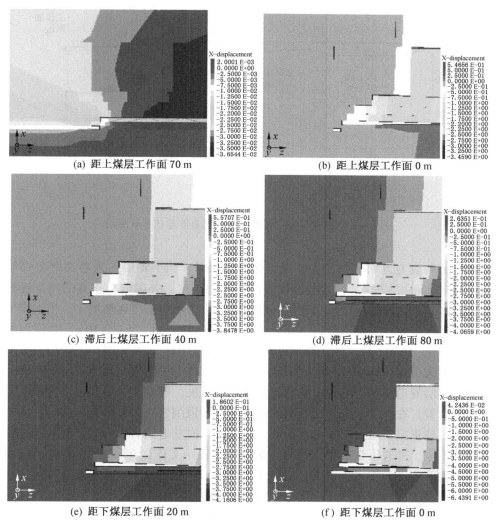

(a) 距上煤层工作面 70 m   (b) 距上煤层工作面 0 m

(c) 滞后上煤层工作面 40 m   (d) 滞后上煤层工作面 80 m

(e) 距下煤层工作面 20 m   (f) 距下煤层工作面 0 m

图 4 – 38 上煤层和下煤层回采期间巷道围岩 x 方向位移云图

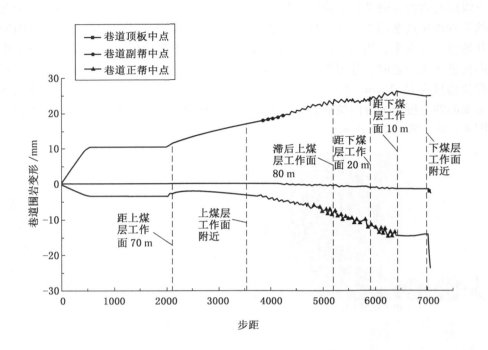

图 4-39　上煤层和下煤层回采期间巷道围岩变形曲线

在 x 向应力方面，随着上煤层工作面的回采，当下煤层回采巷道距上煤层工作面 70 m 时，下煤层回采巷道围岩产生应力集中，并随着工作面的回采逐渐增大。随着工作面持续推进，下煤层巷道围岩应力集中程度逐渐增大，当上煤层工作面推进至该位置附近时，下煤层巷道顶板中点应力值为 4.0 MPa，巷道两帮中点应力值为 6.0 MPa。当下煤层巷道滞后上煤层工作面 80 m 时，下煤层巷道顶板应力增大至 6.2 MPa，副帮应力增大至 17.1 MPa，正帮应力增大至 10.0 MPa，此时下煤层巷道围岩应力分布达到稳定状态。可见，随着下煤层巷道由内错改变为外错布置，在上煤层工作面回采的影响下，巷道围岩应力分布更加均匀，且外错布置时巷道副帮应力明显大于正帮，外错布置时巷道围岩应力分布与内错布置时显著不同。随着下煤层工作面的回采，当巷道距工作面 20 m 时，巷道顶板和正帮应力值波动幅度显著增大。当距工作面 10 m 时，巷道围岩应力值均达到最大，正帮最大应力值为 36.0 MPa，副帮应力值变化不明显，巷道顶板应力值为 3.8 MPa。上煤层和下煤层回采期间巷道围岩 x 方向应力云图及巷道围岩应力变化曲线如图 4-40、图 4-41 所示。

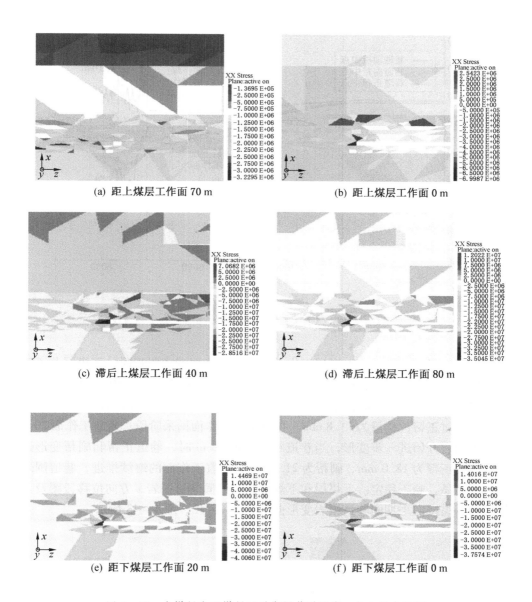

(a) 距上煤层工作面 70 m

(b) 距上煤层工作面 0 m

(c) 滞后上煤层工作面 40 m

(d) 滞后上煤层工作面 80 m

(e) 距下煤层工作面 20 m

(f) 距下煤层工作面 0 m

图 4-40　上煤层和下煤层回采期间巷道围岩 x 方向应力云图

5. 下煤层巷道外错 10 m

在 x 向位移方面，随着上煤层工作面的回采，下煤层巷道两帮开始发生显著变形的实际位置与外错 5 m 时相同，随着工作面持续推进，两帮变形量逐渐增

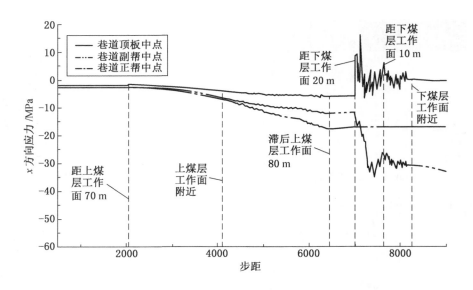

图 4-41　上煤层和下煤层回采期间巷道围岩应力变化曲线

大，顶板变形不明显。当上煤层工作面回采至下煤层巷道附近时，下煤层巷道正帮位移量为 5.0 mm、副帮为 14.0 mm；但当滞后上煤层工作面 80 m 时，巷道副帮位移量增大至 17.0 mm，副帮在滞后上煤层工作面一定距离时的位移突增现象消失，此时正帮位移量为 11.8 mm。在下煤层工作面回采阶段，超前工作面 20 m 处巷道围岩开始进一步变形，当巷道距工作面 10 m 时，巷道正帮和副帮变形达到峰值，正帮为 18.0 mm、副帮为 21.8 mm；随着工作面的继续推进，巷道围岩变形不明显，趋于稳定。上煤层和下煤层回采期间巷道围岩 x 方向位移云图及上煤层和下煤层回采期间巷道围岩变形曲线如图 4-42、图 4-43 所示。

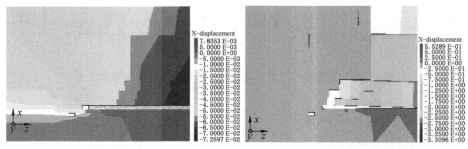

(a) 距上煤层工作面 70 m　　　　　　(b) 距上煤层工作面 0 m

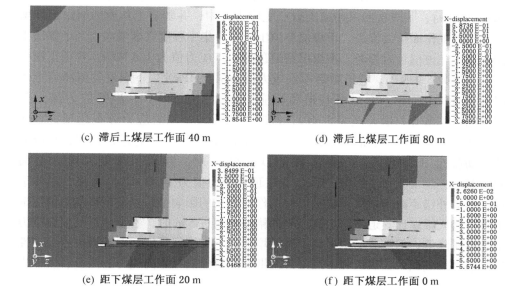

(c) 滞后上煤层工作面 40 m

(d) 滞后上煤层工作面 80 m

(e) 距下煤层工作面 20 m

(f) 距下煤层工作面 0 m

图 4-42　上煤层和下煤层回采期间巷道围岩 x 方向位移云图

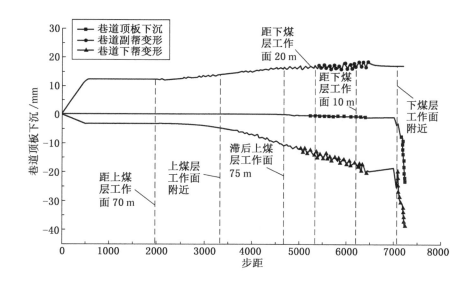

图 4-43　上煤层和下煤层回采期间巷道围岩变形曲线

在 x 向应力方面，随着上煤层工作面的回采，当下煤层回采巷道距上煤层工作面 70 m 时，下煤层回采巷道围岩产生应力集中，并随着工作面的回采逐渐增大。随着工作面持续推进，下煤层巷道围岩应力集中程度逐渐增大，当上煤层工作面推进至该位置附近时，下煤层巷道顶板中点应力值为 1.6 MPa，巷道正帮中点应力值为 6.1 MPa，巷道副帮中点应力值为 7.5 MPa。当下煤层巷道滞后上煤层工作面 75 m 时，下煤层巷道顶板应力增大至 2.7 MPa，副帮应力增大至 15 MPa，正帮应力增大至 8.5 MPa，此时下煤层巷道围岩应力分布达到稳定状态。随着下煤层工作面的回采，当巷道距工作面 20 m 时，巷道顶板和正帮应力值波动幅度显著增大。当距工作面 0～20 m 时，巷道正帮最大应力值为 32.0 MPa，副帮应力值为 10 MPa，巷道顶板应力值为 14.0 MPa。可见，随着下煤层巷道外错距离的增大，在上煤层工作面回采的影响下，巷道副帮应力值逐渐增大且增大幅度比巷道副帮更大；当外错距离超过 5 m 时，巷道两帮及顶板应力值均有所降低；但随着巷道外错距离的增大，下煤层回采期间对巷道围岩稳定性的影响更加剧烈。上煤层和下煤层回采期间巷道围岩 x 方向应力云图及巷道围岩应力变化曲线如图 4 - 44、图 4 - 45 所示。

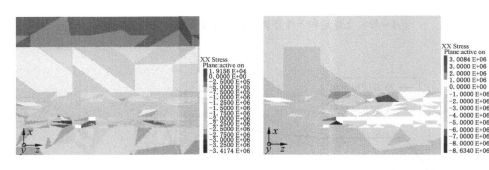

(a) 距上煤层工作面 70 m (b) 距上煤层工作面 0 m

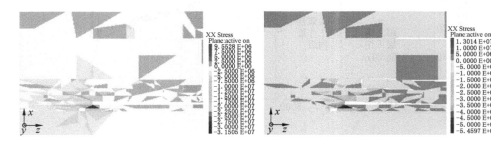

(c) 滞后上煤层工作面 40 m (d) 滞后上煤层工作面 80 m

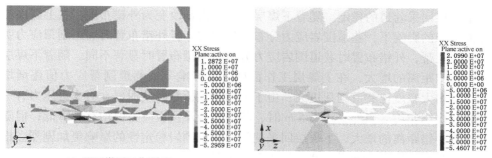

(e) 距下煤层工作面 20 m   (f) 距下煤层工作面 0 m

图 4 - 44　上煤层和下煤层回采期间巷道围岩 x 方向应力云图

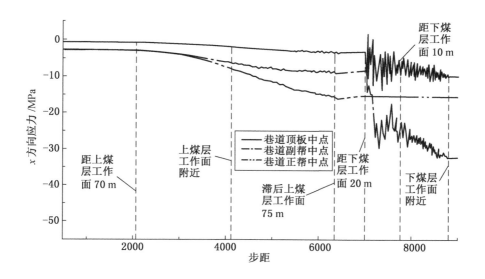

图 4 - 45　上煤层和下煤层回采期间巷道围岩应力变化曲线

综上所述，当下煤层巷道内错布置时，在上煤层工作面回采期间，下煤层巷道副帮变形量远大于正帮，巷道顶板下沉量相对较小；随着内错距离的减小，巷道围岩整体变形量减小，说明在下工作面回采期间，工作面采动影响距离随内错距离的减小而减小，且巷道围岩变形随内错距离的减小也相应减小。随着下煤层巷道由内错逐渐改变为外错布置，下煤层巷道稳定时滞后上煤层工作面的距离逐渐减小，且稳定时下煤层巷道副帮的突变现象逐渐消失，因此外错布置时更有利于下煤层回采巷道的稳定。随着下煤层巷道由内错改变为外错布置，在上煤层工作面回采的影响下，巷道围岩应力分布更加均匀，且外错布置时巷道副帮应力明显大于正帮，外错布置时巷道围岩应力分布与内错布置时显著不同。随着下煤层巷道外错距离的增大，在上煤层工作面回采的影响下，巷道副帮应力值逐渐增大，且增大幅度比巷道副帮更大；由于下层煤顶板是砂质泥岩，对支撑压力有一定卸压缓解作用，当外错距离 5 m 时，巷道两帮及顶板应力值均有所降低；但随着巷道外错距离的增大，下煤层回采期间对巷道围岩稳定性的影响更加剧烈。根据以上分析可知，当下煤层巷道外错 5 m 布置时较为合理。

5 近距离煤层覆岩运动特征及围岩变形规律试验研究

5.1 工程地质概况

山西晋神能源集团所属沙坪煤矿 8 号煤层可采厚度 0.34 ~ 12.41 m，平均 4.70 m，煤层结构较复杂，一般由 3 ~ 7 个分层组成，含 1 ~ 4 层夹矸。在矿井范围内，该煤层厚度变化很大，有些区域分叉为 8 号上煤层和 8 号下煤层，均可采，层间距（夹矸厚度）为 3 ~ 9 m，最大间距可达 20 m；其他区域又合并为一层煤，总厚度变化为 6 ~ 8 m。在沙坪矿前期开采区域，夹矸层厚度大，仅开采 8 号上煤层。试验研究阶段 8 号煤层上分层开采已近尾声，必须考虑 8 号下煤层的开采，最大限度回收已探明的煤炭资源。

根据沙坪煤矿 8 号煤层近距离开采的实际工程地质条件，选取比较有代表性的 8 号上煤层 18203 工作面和其下的 8 号下煤层中 1808 工作面及其上覆岩层为研究对象。

18203 工作面中部位于聚宝沟村东南一半，大部分地区为沟壑、黄土梁峁地形区，地面标高 997 ~ 1105 m，煤层底板标高 915 ~ 954 m。依据 18203 工作面综合钻孔柱状图（图 5 - 1），煤层平均倾角 3°（模拟时近似为 0°），平均煤厚 2.60 m，容重为 1.64 t/m³。工作面长度为 300 m，推进长度为 2785.4 m。工作面沿煤层倾斜布置，工作面巷道沿走向推进，沿顶板回采，遇地质条件变化时，适当调整。18203 综采工作面采煤方法采用走向长壁后退式全部垮落综合机械化采煤法，全部垮落法管理顶板。相邻工作面间留设 20 m 的区段煤柱。8 号上煤层工作面均已采空。8 号煤层煤尘具有爆炸危险性，爆炸指数为 60 g/m³，煤具有自然发火倾向，为 Ⅱ 类自燃，发火期为 3 ~ 6 个月；依据 2012 年矿井瓦斯等级鉴定结果，绝对涌出量为 4.27 m³/min，相对涌出量 0.9 m³/t，18203 综采工作面瓦斯绝对涌出量为 4.27 m³/min。

1808 工作面位于原 18203 工作面采空区正下方，一采区中部，以南为 8 号煤层辅运大巷，西部 1809 辅运巷道，东部 1807 胶运巷道，原 18203 综采工作面采空区下。1808 工作面地面标高 995 ~ 1105.5 m，煤层底板标高为 918 ~ 943 m，

序号	岩性	柱状	厚度/m	岩性描述
1	黄土层		29.10	冲积层泥土
2	泥质砂岩		39.81	泥质胶结,已风化成粉状
3	细砂岩		9.00	成分以石英、长石为主,泥质胶结
4	砂质泥岩		7.08	砂质胶结,质软
5	粉砂岩		5.68	水平层理,含植物化石
6	8号上煤		2.60	半亮型煤,含有少量夹矸
7	砂质泥岩		3.00	砂质胶结,质软
8	8号下煤		2.60	半亮型煤,含有少量夹矸
9	中砂岩		24.60	石英砂岩,泥质胶结,分选性差

图 5-1 18203 工作面综合钻孔柱状图

设计走向长度 1316.8 m,倾向长度待研究后确定,煤层可采面积为 408739 m^2。1808 工作面煤层厚度为 2.25~2.95 m,平均厚度为 2.6 m,容重为 1.64 t/m^3,地质储量为 2.413 Mt,可采储量为 2.365 Mt。1808 工作面采煤方法采用走向长壁后退式全部垮落综合机械化采煤法,工作面移架步距 0.8 m。

1808 工作面煤层总体呈平缓的单斜构造形态,对回采影响不大。煤层平均走向 43°,倾向 313°,倾角 2°~4°,平均倾角 3°。1808 工作面煤层顶板一般为砂质泥岩，伪顶为炭质泥岩，厚度 0 ~ 0.15 m，黑色炭质泥岩，开采时随煤层一起脱层垮落；直接顶为砂质泥岩，平均厚度 3 ~ 18 m，平均厚度 6.5 m，岩性为浅灰、灰色泥岩及砂岩。1808 工作面煤层结构较为稳定，一般由 2 ~ 3 个分层组成，含 1 层稳定夹矸。1808 工作面底板为中砂岩，厚度为 24.5 m，灰白色、成分以石英长石为主，泥质胶结。

为研究小间距近距离煤层和大间距近距离煤层覆岩运动及巷道围岩变形特征，综合考虑现场实际情况，试验设计时，分别选取 8 号上煤层与 8 号下煤层层间距为 3 m 和 18 m 两种类型开展室内试验，并对试验结果进行对比分析。

5.2 相似模拟试验方案

5.2.1 试验设计

试验采用 DYS - 8 微机控制电液伺服相似模拟试验系统，试验系统主要由试验台、动力系统、控制系统和数据采集系统四部分构成（图 5 - 2）。该试验台主要对深部开采的构造应力场中采掘引起的二次应力分布规律、构造应力场条件下矿山井巷工程的优化布置进行研究，能够有效模拟地层压力、自重压力、水平方

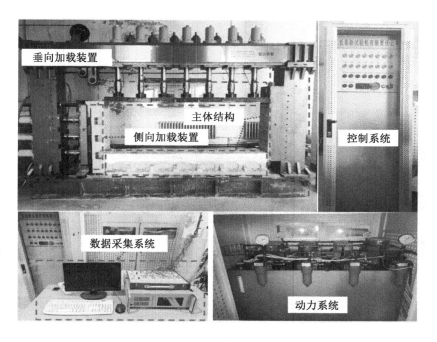

图 5 - 2 相似模拟试验系统

表 5-1　小间距近距离煤层模型岩层尺寸设计

序号	岩层	总厚/cm	累厚/cm	层厚/cm	配比号	抗压强度/MPa	模拟强度/MPa	抗拉强度/MPa	细砂/kg	石膏/kg	碳酸钙/kg	煤灰/kg	水/kg
1	黄土层	19.40	19.40	2.43×8	828	9.20	0.04	0.60	108.64	23.54	86.91		43.82
2	泥质砂岩	26.54	45.94	2.21×12	737	26.40	0.11	1.12	137.70	51.14	110.16		44.85
3	细砂岩	6.00	51.94	2.08×9	746	48.30	0.21	4.46	31.13	15.42	21.35		6.79
4	砂质泥岩	4.72	56.66	1.18×4	737	26.40	0.11	1.12	24.49	9.10	19.59		7.98
5	粉砂岩	3.79	60.45	1.90×2	846	43.78	0.19	4.15	21.22	9.20	12.73		4.32
6	8号上煤	1.70	62.15	1.70×1	2.6:0.1:0.52:1.6	16.64	0.07	1.12	11.55	0.39	1.85	4.03	2.76
7	砂质泥岩	2.00	64.15	1.00×2	737	26.40	0.11	2.40	10.38	3.85	8.30		3.38
8	8号煤	1.70	65.85	1.70×1	2.6:0.1:0.52:1.6	16.64	0.07	1.12	11.55	0.39	1.85	4.03	2.76
9	中砂岩	16.40	82.25	2.05×8	755	47.50	0.20	4.20	85.09	52.67	48.62		18.64

表5-2 大间距近距离近煤层模型岩层尺寸设计

序号	岩层	总厚/cm	累厚/cm	层厚/cm	配比号	抗压强度/MPa	模拟强度/MPa	抗拉强度/MPa	细砂/kg	石膏/kg	碳酸钙/kg	煤灰/kg	水/kg
1	黄土层	19.40	19.40	2.43×8	828	9.20	0.04	0.60	108.64	23.54	86.91		43.82
2	泥质砂岩	26.54	45.94	2.21×12	737	26.40	0.11	1.12	137.70	51.14	110.16		44.85
3	细砂岩	6.00	51.94	2.5×2	746	48.30	0.21	4.46	31.13	15.42	21.35		6.79
4	砂质泥岩	4.72	56.66	1.18×4	737	26.40	0.11	1.12	24.49	9.10	19.59		7.98
5	粉砂岩	3.79	60.45	1.90×2	846	43.78	0.19	4.15	21.22	9.20	12.73		4.32
6	8号上煤	1.70	62.15	1.70×1	2.6:0.1:0.52:1.6	16.64	0.07	1.12	11.55	0.39	1.85	4.03	2.76
7	砂质泥岩	12.00	74.15	2.00×2	737	26.40	0.11	2.40	62.26	23.12	49.81		20.28
8	8号煤	1.73	75.88	1.73×1	2.6:0.1:0.52:1.6	16.64	0.07	1.12	11.76	0.39	1.88	4.10	2.81
9	中砂岩	16.40	92.28	2.05×8	755	47.50	0.20	4.20	85.09	52.67	48.62		18.64

向压力，同时能够模拟地质构造对地下工程影响。

根据试验的目的及要求，确定模型固结物的容重为 1.6 g/cm³。几何相似常数 $C_1 = 150$。岩体的容重约为 2.5 g/cm³，而相似材料为 1.6 g/cm³。因此，模型材料的密度相似常数 $C_\rho = 2.5/1.6 = 1.56$，煤的容重为 1.64 g/cm³，则相似材料容重约等于 1。由以上可求得相似材料的应力相似常数为 $C_\sigma = C_1 C_\rho = 1.56 \times 150 = 234$。

本模型模拟沙坪煤矿 8 号近距离煤层 18203 工作面及其下部的 1808 工作面。根据该区域岩层地质条件，模型层位关系见表 5-1。其中共铺设煤岩层 9 层，岩层尺寸设计见表 5-1、表 5-2。

5.2.2　测点布置

在工作面回采期间，上覆岩层将逐渐产生裂纹并贯通，岩层间发生离层，为便于观测，在铺设的模型干燥后，在模型表面刷一层灰浆，灰浆干燥后在白色灰浆表面布置位移测点。数据采集前试验准备完成，可进行试验观测；位移测点布置好后逐步开挖。首先进行回采巷道的掘进；回采巷道开挖完成后开始进行工作面的回采，按照现场工作面推进速度和时间相似比例，每次回采 5 cm，观测并拍照岩层断裂、覆岩结构变形和运动，间隔 2 h 后继续开挖，直至工作面回采完成。

在测点布置时，根据各岩层的相对位置关系及研究需要，沿煤层顶板向上均布 10 cm × 10 cm 的网格，网格交点即为位移监测点，试验中小间距近距离煤层开采和大间距近距离煤层开采各个岩层测点布置如图 5-3 所示，图 5-3 中实心点即为位移监测点。

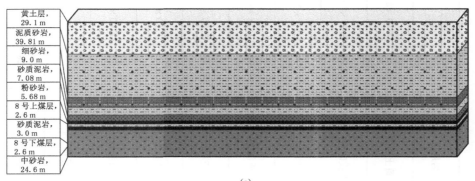

黄土层，29.1 m
泥质砂岩，39.81 m
细砂岩，9.0 m
砂质泥岩，7.08 m
粉砂岩，5.68 m
8 号上煤层，2.6 m
砂质泥岩，3.0 m
8 号下煤层，2.6 m
中砂岩，24.6 m

(a)

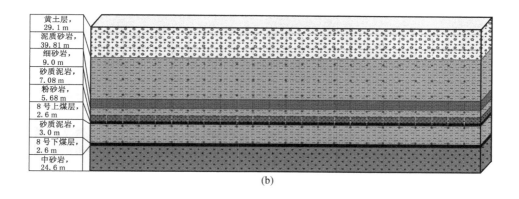

图 5-3　模型位移测点布置

5.3　近距离煤层上覆岩层垮落特征

5.3.1　上覆岩层结构运动特征

1. 上煤层开采覆岩结构运动特征

按照现场工程实际，试验采用下行开采的方式先开采上层煤，当工作面回采25 cm 后，在悬顶岩层自重的作用下直接顶岩层 1.5 cm 处出现横向裂纹，裂纹自开切眼处贯通至距工作面 4.8 cm 处，随着工作面的继续推进，裂纹在工作面推进方向上继续延伸，裂纹宽度不断增大（图 5 - 4a）。当工作面推进至 30 cm 时，采空区 1.5 cm 范围内顶板整体垮落，工作面煤壁至采空区 10 cm 范围内顶板以煤壁为支点发生回转，并形成三角区（图 5 - 4b），此时，顶板开始逐层垮落，垮落岩层与上覆岩层形成离层。随着工作面的推进，采空区顶板岩层裂纹不断向上扩展，岩层间发生离层且离层量逐渐增大，当工作面推进 50 cm 时，采空区顶板近地表处裂纹发育，在上覆岩层荷载的作用下，基本顶发生破断回转，采空区顶板 3.5 cm 范围内岩层整体垮落，工作面发生初次来压；随着工作面的持续推进，基本顶上方岩层弯曲下沉，并与上方岩层形成离层，此时工作面出现垮落带，进入完整岩梁下方，工作面顶板岩层发生回转并逐渐形成"砌体梁"结构（图 5 - 4c）。当工作面推进至 60 cm 时，采空区顶板 30 cm 处发生显著张拉裂纹，岩层间发生显著离层，该离层区附近横向裂纹和纵向裂纹不断发育，地表发生显著下沉；此时，工作面煤壁后方 3.2 cm 处与铅垂方向夹角约 25°的纵向裂纹快速向上扩展贯通，采场覆岩断裂角初步形成（图 5 - 4d）。

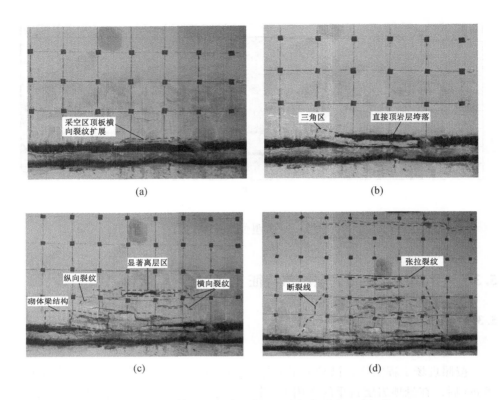

(a)   (b)

(c)   (d)

图 5-4　上煤层开采时工作面回采初期覆岩运动规律

随着工作面的回采，采空区上覆岩层张拉裂纹形成的离层区逐渐向上发育。当工作面回采至 80 cm 时，随着离层区不断向上发育，下位岩层显著离层区的横向张拉裂纹开始闭合，裂纹宽度随着工作面的推进逐渐减小，采空区垮落矸石逐渐压实（图 5-5a）。当工作面回采至 85 cm 时，距工作面 60 cm 处附近区域地表下沉量达到最大值，下位张拉裂纹闭合，此时采空区上覆岩层重新进入稳定状态；然而工作面后方 45 cm 范围内上覆岩层裂纹逐渐发育、扩展，并形成新的裂纹（图 5-5b）。综上所述，在工作面回采中期，采空区上覆岩层处于新裂纹发育和初期形成的显著张拉裂纹闭合的过渡期，当地表下沉至最大值时，采空区上覆岩层重新进入稳定状态，此时，采空区压实稳定区距工作面 60 cm；此时，采空区上位岩层并未完全断裂，而是随着工作面的回采发生弯曲下沉。

随着工作面的继续推进，工作面进入正常回采阶段，在正常回采阶段，随着工作面的持续开采，工作面上覆岩层新裂纹发育，离层区逐渐向上扩展

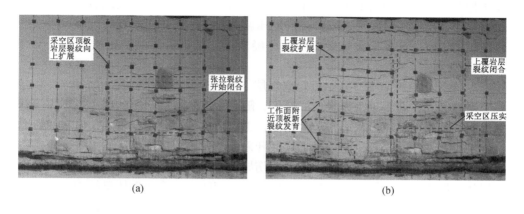

(a)

(b)

图 5 – 5　上煤层开采时工作面回采中期覆岩运动规律

（图 5 – 6a）。随着新离层的产生，工作面后方采空区覆岩原有离层区裂纹闭合，上覆岩层裂纹和离层随着工作面的回采交替发生"裂纹形成 – 裂纹贯通 – 裂纹闭合"的循环过程，而工作面后方上覆岩层运动形成动压区、逐渐压实区和压实区（图 5 – 6b）。

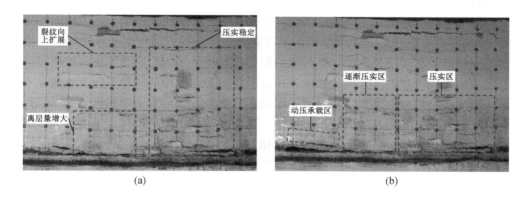

(a)

(b)

图 5 – 6　上煤层开采时工作面正常回采期覆岩运动规律

综上所述，近距离煤层上煤层开采时，工作面顶板通常从完整悬露顶板开始破断，发生破断时顶板已悬露较长；基本顶滞后工作面破断，工作面回采期间，其附近上覆岩层向上发育的高度是有限的。即工作面需要承担的压力是有限的。如上述试验中，工作面顶板一般只承担上覆岩层约 20 cm 范围内的载荷，因此，在该种条件下工作面需要承担的压力较小，当裂纹和离层贯通至地表时，该区域距离工作面已有一定距离，其产生的动压影响对工作面矿压的影响较小；当采空区压实稳定时，压实稳定区距工作面已经较远，其对工作面矿压显现基本没有贡献。

2. 小间距（层间距 3 m）近距离煤层下煤层开采覆岩结构运动特征

众所周知，对于近距离煤层的开采，随着上下煤层层间距的减小，下煤层开采期间，工作面矿压显现通常较为剧烈，工作面顶板管理难度较大，已有的研究认为主要有两个原因：一是由于上煤层开采期间超前应力支撑区和采空区压实稳定区较大的应力对上煤层底板造成的损伤导致下煤层顶板承载能力下降；二是由于层间岩层不存在关键层，下煤层工作面回采期间不能形成砌体梁结构，因而工作面需承担上煤层垮落带内的矸石自重，造成下煤层工作面矿压显现剧烈、回采巷道顶板事故频发。诚然，上述观点有一定的道理，但上煤层垮落带范围是有限的，其垮落带对下煤层工作面形成的荷载往往比下煤层工作面实际承担的压力大很多，而大量的工程实践又证明了这种客观事实的存在，因此，有必要在上述两个主要原因外寻找造成这种现象的其他因素。对于小间距近距离煤层的开采，下煤层工作面回采期间矿压显现剧烈，矿压的显现必定存在施加给工作面顶板的力源，而从上煤层垮落带以下范围内寻找只能得到前述的两个因素，因此，在更大范围内对岩层运动特征和规律进行研究就显得十分必要。

对于 3 m 间距的近距离煤层来说，在下煤层工作面回采初期，当工作面回采 30 cm 时，采空区顶板及上煤层垮落带内矸石整体垮落，工作面初次来压，垮落带与裂缝带间出现明显离层，这是因为层间距较小，层间岩层和上煤层垮落带矸石的共同作用下导致工作面的初次来压，下煤层采空区垮落矸石不能充填满采空区，而上煤层裂缝带内岩层仍具有一定的承载能力，且形成了两拱脚分别在工作面煤壁前方和开切眼煤壁后的类拱结构，从而使上煤层垮落带与上煤层裂隙带间的显著离层，此时，工作面承担的压力相对不大，一般只是层间岩层和上煤层垮落带矸石的自重（图 5 - 7a）。随着工作面的推进，上煤层裂缝带岩层发生回转变形、断裂失稳，已经闭合的裂纹由于下煤层的开采又重新张开，且形成新的裂纹，垮落带范围不断向上增大；当工作面回采至 40 cm 时，垮落带范围增大至距下煤层顶板 30 cm 处（图 5 - 7b），而此时工作面顶板需承担的压力是上覆岩层的运动造成的，虽然工作面顶板仍保持相对的完整性，但其承载能力很小。此时，距开切眼 20 cm 处的采空区上覆岩层达到稳定状态，采空区垮落矸石压实稳定，值得注意的是，该区域距下煤层工作面仅 20 cm。当工作面推进至 50 cm 时，裂纹进一步向上发育，上位岩层离层量增大，随着工作面的回采发生回转、断裂，甚至失稳，此时地表出现明显下沉；而在工作面煤壁处层间岩层沿纵向裂纹发育，其与上煤层回采期间形成的断裂裂纹贯通，此时工作面需承担的压力是如图 5-7c 所示下煤层顶板约 22 cm 范围内的垮落矸石自重与上覆岩层弯曲下沉施加的荷载。当工作面推进至 60 cm 时，工作面顶板岩层裂纹重新张开、扩展、贯通，工作面进入正常回采阶段（图 5-7d）。

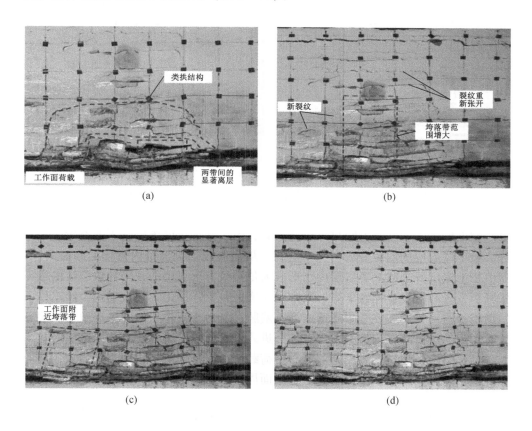

图 5-7 3 m 间距近距离煤层下煤层开采时覆岩运动规律

值得注意的是，小间距近距离煤层下煤层正常采阶段，工作面周期来压步距与上煤层工作面周期来压步距具有一定的同步协调，上下煤层工作面来压步距相差不大。这说明下煤层工作面来压并非完全由层间岩层的完整性决定，下煤层开采导致上煤层开采时形成的砌体梁结构的回转变形和失稳是造成下煤层工作面顶板回转、变形和失稳的主要因素（图 5-8a），因此造成了下煤层工作面的矿压显现。而上煤层砌体梁结构的失稳是由工作面后方上覆岩层的弯曲下沉及施加给砌体梁结构的载荷决定的，此时，上煤层砌体梁结构已然成为悬臂梁，因此，上煤层悬臂梁结构和下煤层悬臂梁结构就形成了小间距近距离煤层开采中的双悬臂梁结构模型（图 5 – 8b）。

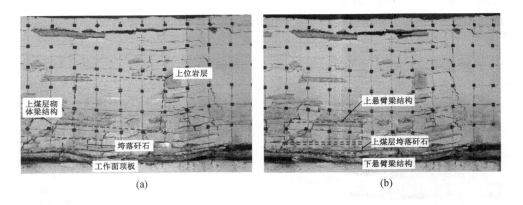

图 5 – 8 3 m 间距近距离煤层下煤层开采时工作面顶板承载机制

综上所述，小间距近距离煤层开采时，由于开采后垮落矸石不能充填满采空区，给上位岩层的回转变形创造了空间，从而造成了裂缝带内岩体的断裂失稳；而由于上煤层开采时上覆岩层内已形成大量裂纹，下煤层的开采导致裂纹的重新张开、发育和扩展，导致下煤层采空区压实区距工作面距离大大缩短，给工作面的顶板稳定性控制和安全生产造成严重威胁；又由于下煤层的开采导致上煤层开采时形成的砌体梁结构失稳，当工作面进入正常回采阶段时，砌体梁结构转化为上悬臂梁结构，通过上煤层垮落矸石将荷载传递给下煤层工作面顶板岩层，从而表现出当煤层间距较小时，下煤层工作面周期来压步距与上煤层基本同步协调的现象。

3. 大间距（层间距 18 m）近距离煤层下煤层开采覆岩结构运动特征

如果小间距近距离煤层下层煤开采时工作面需要承担的压力较大是由层间岩层承载能力小、上煤层裂缝带内岩体结构失稳造成的，那么对于同一岩性而言，随着层间岩层间距的增大，层间岩层的整体承载能力必然增强。因此，在下煤层回采阶段，工作面顶板仍具有一定的承载能力，在工作面推进过程中，工作面顶板仍能在一定范围内保持稳定，大大减小了工作面的压力；另一方面，由于工作面顶板仍能够在一定范围内保持稳定，工作面顶板需承担的上覆岩层的荷载仅是层间岩层自重和上煤层垮落带内矸石自重之和。

对于层间距 18 m 的近距离煤层，随着工作面的回采，工作面顶板 3 cm 处出现离层，随着工作面回采长度的增大，该处离层逐渐增大，当工作面回采至

30 cm 时，采空区顶板 3 cm 范围内岩层沿采空区顶板中部断裂，并发生整体垮落，且距下煤层顶板 8 cm 处开始出现离层（图 5 - 9a）。随着工作面的推进，距下煤层顶板 8 cm 处的离层逐渐增大，3 cm 处的裂纹逐渐闭合，这是由于上位岩层与工作面顶板变形不协调造成的；当工作面推进至 50 cm 时，下煤层 8 cm 范围内岩层发生整体垮落，工作面压力进一步增大（图 5 - 9b）。随着工作面的持续推进，层间岩层裂纹不断向上发育、扩展，上位岩层出现新的离层，下位岩层裂纹逐渐闭合，采空区垮落矸石进一步压实。当工作面推进至 60 cm 时，下煤层工作面 8 ~ 18 cm 岩层发生断裂、回转，岩块 A 在工作面前方实体煤的支撑下与岩块 B 相互铰接，并形成砌体梁结构，当工作面推进 65 cm 时，层间基本顶发生破断，其悬顶整体下沉。可以看出，层间基本顶破断滞后工作面；此时上煤层采空区垮落矸石与砌体梁结构同步协调变形，下煤层工作面发生初次来压（图 5 - 9c）；因此，当煤层间距较大时，下煤层工作面始终处于层间岩层的保护下，工作面需承担的压力较小。进一步分析可知，上煤层破断基本顶并未完全垮落到层间基本顶上，而是仍存在铰接结构和离层，采空区尚未能完全压实，离层和铰接结构的存在会降低上覆载荷对下煤层开采时的载荷作用，工作面后方上覆岩层的压实、加载作用不能影响到工作面。随着工作面的推进和层间岩层的断裂、回转变形及垮落，上煤层裂缝带内岩层下沉量进一步增大，然而，由于层间岩层厚度较大，当下煤层开采时层间岩层的垮落矸石即能充填采空区，虽然在距工作面一定距离后随着下煤层采空区的逐渐压实，上煤层裂缝带岩体仍会发生回转变形，将一部分荷载传递至下煤层顶板，但此时距离下煤层工作面已有一定距离，对工作面矿压显现影响不大，如图 5 - 9d 所示，当工作面推进至 70 cm 时，上煤层裂缝带内岩层发生显著离层，距工作面 45 cm 处的纵向裂纹贯通至地表形成岩层断裂线，地表下沉速度显著增大，随着工作面的推进，显著离层区内岩层下沉量不断增大，下煤层采空区进一步压实（图 5 - 9e）。当工作面推进至 110 cm 时，近开切眼侧上覆岩层达到稳定，下煤层工作面采空区压实，此时，近切眼侧覆岩距工作面达 70 cm，该处覆岩运动对工作面压力的影响可以忽略不计（图 5 - 9f）。

值得注意的是，随着上下煤层间距的不断增大，上下煤层工作面的来压规律同步协调性不断减弱，上煤层开采时形成的砌体梁结构对下煤层的影响也较小，上煤层关键层断裂岩块的回转变形滞后距离较远。这说明随着层间距的增大，上煤层裂缝带内关键层的回转变形对下煤层工作面来压的影响越来越小，而随着层间距的增大，层间岩层的完整性、岩性等对下煤层工作面矿压的影响逐渐增强（图 5 - 10a）。而在下煤层工作面回采期间，由于回转空间有限，上煤层裂缝带内岩体一般不会发生失稳，而是一定程度上出现回转变形，而采空区上覆岩层大

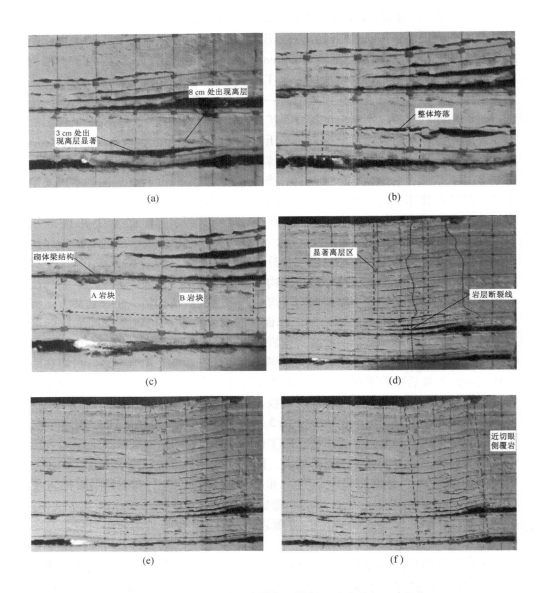

(a)　　　　　　　　　　　　　　　(b)

(c)　　　　　　　　　　　　　　　(d)

(e)　　　　　　　　　　　　　　　(f)

图 5 - 9　18 m 间距近距离煤层下煤层开采时覆岩运动规律

范围发生回转变形时，该区域已距工作面较远，对工作面压力影响不大。在下煤层工作面回采期间，上煤层砌体梁结构的回转变形、层间岩层的自重及层间岩层的性质是导致工作面压力显现的主要因素，一般情况下，当层间距足够大时，层间岩层将在垮落带上方一般会形成砌体梁结构，上煤层砌体梁结构和下煤层砌体梁结构共同构成了大间距近距离煤层开采的双砌体梁结构模型（图 5 - 10b），上砌体梁结构通过垮落带内矸石将其荷载传递给下砌体梁结构。

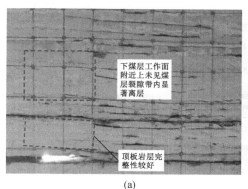
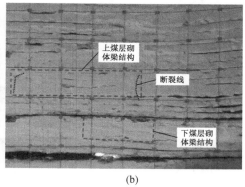

(a)　　　　　　　　　　　　　　　　　　(b)

图 5 - 10　18 m 间距近距离煤层下煤层开采时工作面顶板结构

综上所述，层间距较大的近距离煤层开采时，由于开采后垮落矸石能够充填满采空区，给上位岩层的回转变形的空间较小，不会造成裂缝带内岩体的断裂失稳，而是在下煤层工作面回采过程中发生缓慢回转变形。层间距较大时，上煤层破断顶板回转、压实引发的载荷对工作面影响减小。分析可知，当层间岩层厚度增加时，层间存在基本顶。上煤层破断顶板回转、压实通常滞后于层间基本顶破断。相比于层间距较小的近距离煤层开采，这种情况下上覆岩层对工作面矿压的影响降低。分析可知，当层间岩层厚度增加时，层间基本顶能够悬露较长距离。基本顶的这种悬露会对上覆垮落起到一定支承作用，造成覆岩运移滞后距离加大。由前述可以看出，由于层间岩层厚度增加，层间岩层形成基本顶，相比于开采近距离煤层，开采下层煤时对工作面影响较大的是层间基本顶。由于下煤层的开采不会导致上煤层开采时形成的砌体梁结构失稳，当工作面进入正常回采阶段时，就形成了双砌体梁结构模型，通过上煤层垮落矸石将荷载传递给下煤层工作面顶板岩层，从而形成了当煤层间距较大时，上下煤层工作面的来压规律同步协调性不断减弱。

5.3.2　上覆岩层移动变形特征

为监测试验过程中上覆岩层移动变形，试验开始前按照 "5.2.2　模型制作与测点布置" 在上覆岩层中均布位移监测点，测线布置如图 5 - 11 所示。

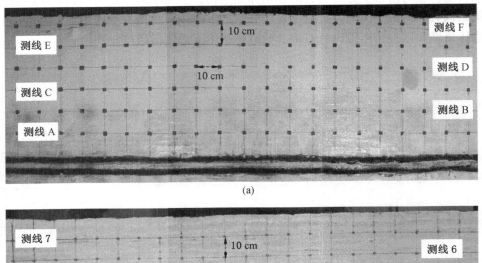

(a)

(b)

图 5 – 11　模型测线布置

1. 上煤层开采上覆岩层移动变形特征

模型试验的过程中，位移监测数据显示，工作面从开始推进至推进 50 cm 前，测线 A 所在岩层未发生明显变形，表明测线 A 所在岩层比较坚硬，岩层完整性较好造成的。当工作面推进至 50 cm 时，距煤层顶板 10 cm 处的岩层发生显著下沉，距开切眼 30 cm 达到下沉最大值 3 mm，工作面发生初次来压（图 5 – 12a）。当工作面推进至 60 cm 时，测线 A 所在岩层发生显著变形，而其上岩层下沉不明显，该岩层与其上相邻岩层间发生显著离层；其中，距开切眼 20 cm 处岩层达到最大下沉值，下沉量 17 mm，随着工作面的推进，近工作面处测线 A 所在岩层断裂，并发生回转变形（图 5 – 12b）。当工作面推进至 70 cm 时，距煤层顶板 30 cm 岩层即测线 C 以下岩层均发生明显下沉，各个发生下沉的岩层均在距开切眼 20 ~ 30 cm 处达到最大下沉值；由图 5 – 12c 可知，此时对工作

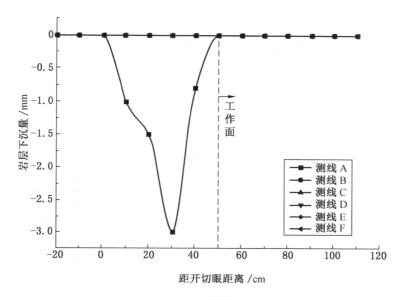

(a) 工作面推进 50 cm

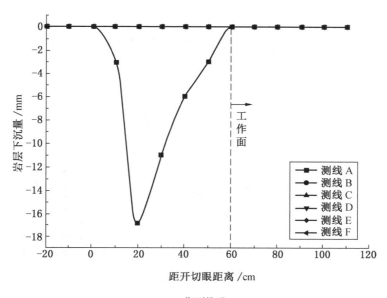

(b) 工作面推进 60 cm

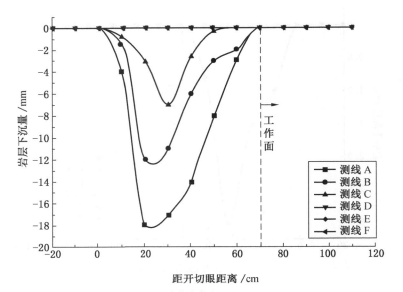

(c) 工作面推进 70 cm

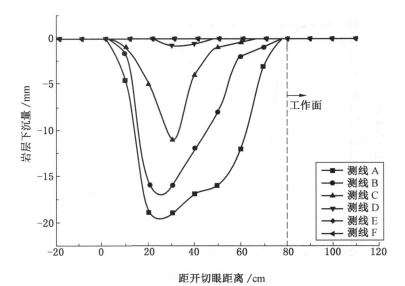

(d) 工作面推进 80 cm

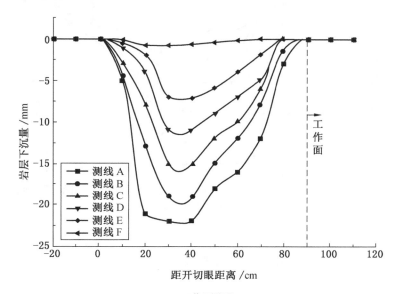

(e) 工作面推进 90 cm

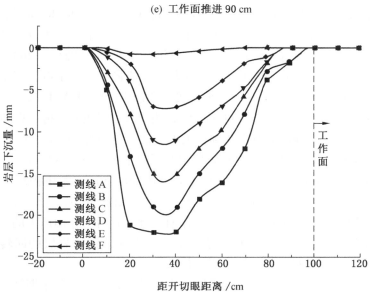

(f) 工作面推进 100 cm

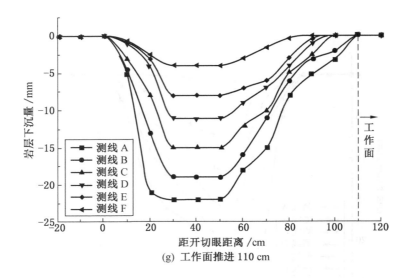

(g) 工作面推进 110 cm

图 5 – 12　上煤层开采上覆岩层移动变形规律

面压力影响较大的岩层为测线 B 以下岩层，即距上煤层顶板 20 cm 范围内岩层。当工作面推进 80 cm 时，各个岩层下沉量不断增大，其中，测线 D 所在岩层在距开切眼 20～50 cm 范围内开始发生下沉，下沉量仅 1 mm（图 5 – 12d）。当工作面推进 90 cm 时，测线 E 和测线 F 所在岩层均发生不同程度的下沉，其中测线 E 所在岩层下沉量较大，为 7 mm，而测线 F 所在岩层最大下沉量仅 0.8 mm（图 5 – 12e）。当工作面推进至 100 mm 时，测线 A、测线 B、测线 C 和测线 D 所在岩层距开切眼 30～40 cm 范围达到最大下沉值，分别为 22 mm、19 mm、15 mm 和 11 mm，而测线 E 和测线 F 所在岩层仍在缓慢下沉（图 5 – 12f）。当工作面推进至 110 cm 时，各个测线所在岩层在距开切眼 30～50 cm 范围内均达到最大下沉值，此时该范围距工作面 60 cm（图 5 – 12g），由此可知，上煤层开采时，上覆岩层运动稳定时，稳定区域位置距工作面较远，其对工作面压力的影响基本可以忽略；而从图 5 – 12 不难看出，测线 A 和测线 B 范围内岩层的回转变形紧跟工作面，其回转变形对工作面压力影响较大。

综上所述，对于模型试验中的近距离煤层开采，上煤层开采期间，煤层顶板 20 cm 范围内岩层的回转变形对工作面压力影响很大，在进行"工作面支架与围岩相互作用关系"研究时应引起足够的重视。除此之外，上覆岩层运动稳定时，稳定区距工作面较远，基本对工作面压力影响不大；然而，通过图 5 – 12 可知，上覆岩层运动稳定时虽然对上煤层工作面压力影响不大，但上煤层覆岩均发生不同程度的下沉，近地表处下沉量达 3 mm，说明覆岩中形成大量的裂纹，其至相当一部分岩层已发生断裂，但仍具有一定的承载能力，已发生断裂的岩层的失稳将对下煤层工作面影响很大。对于近距离煤层下行开采，由于上煤层开采时上覆岩层未经采动影响，其完整性较好，因此，上煤层开采期间，覆岩运动相对比较缓慢，因此，距上煤层顶板一定距离外的岩层运动对工作面压力影响不明显。

2. 小间距（3 m）近距离煤层下煤层开采上覆岩层移动变形特征

当上煤层开采引起的覆岩运动稳定后，开始开采下煤层，为使位移监测数据更加直观，下煤层开采前将上煤层开采引起的各个位移监测点的下沉值均作归零处理。当工作面开采至 30 cm 时，在下煤层顶板岩层自重和上煤层垮落带矸石自重的共同作用下，层间岩层发生断裂，并整体垮落，测线 A 所在岩层发生小幅下沉，最大下沉量仅为 3 mm，而此时，测线 B 及其以上岩层并未发生下沉（图 5 – 13a）。由此说明，在下煤层开采初次来压前，上煤层垮落带、层间岩层自重及层间岩体性质是影响工作面顶板稳定性的重要因素。与上煤层开采时不同的是，当工作面推进至 40 cm 时，测线 A、测线 B、测线 C、测线 D 和测线 E 所在岩层发生剧烈下沉，测线 A 所在岩层下沉量最大，达 18 mm；测线 A、测线 B、测线 C、测线 D 和测线 E 下沉量最大区域距工作面仅 20 cm（图 5 – 13b），因此，在较小间距近距离煤层开采中，已断裂上覆岩层的运动虽然仍具有一定的滞后效应，但滞后距离距工作面非常近，对工作面压力的影响不容忽视。随着工作面的不断推进，已断裂上覆岩层快速下沉，工作面矿压显现强烈，加上层间岩层厚度较小，工作面顶板稳定性差。由图 5 – 13 可知，下煤层开采过程中，对下煤层工作面影响较大的岩层是测线 A、测线 B 和测线 C 所在岩层，该范围内岩层的断裂、回转和失稳对下煤层工作面压力影响很大。当工作面推进至 60 cm 时，工作面后方 40 cm 处上覆岩层下沉量达到最大值，说明由于上煤层的采动影响，当下煤层进行开采时，已产生大量裂纹的上覆岩层发生进一步断裂，从而覆岩运动稳定区与工作面之间的距离大大缩短（图 5 – 13d）。

综上所述，对于间距较小的近距离煤层，下煤层开采时，上覆岩层中已产生大量的裂纹。由于层间距较小，下煤层的开采导致上煤层开采时相互铰接的稳定岩体失稳，该稳定岩体结构的失稳导致上位岩层裂纹贯通发生破断，从而造成了上覆岩层的快速下沉，对下煤层工作面压力影响巨大。由于上煤层开采过程中的应力集中对层间岩层具有一定的损伤，且层间岩层厚度较小稳定性差，对工作面顶板的稳定性造成很大威胁。当层间岩层厚度较小时，对工作面围岩稳定性影响的不仅仅是层间岩层，而是由上煤层垮落带上方岩体和层间岩层构成的岩体结构所决定。

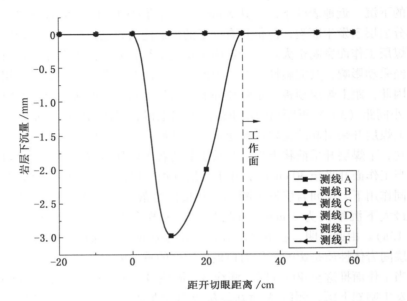

(a) 工作面推进 30 cm

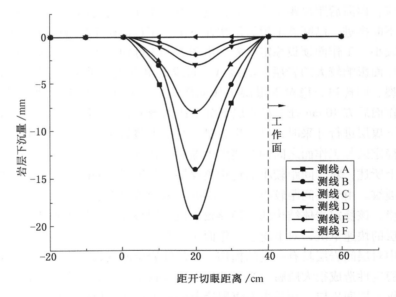

(b) 工作面推进 40 cm

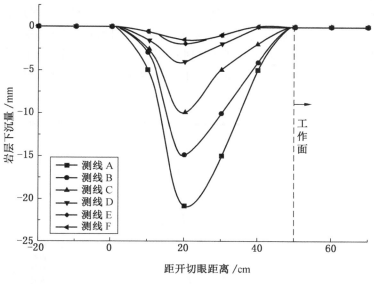

(c) 工作面推进 50 cm

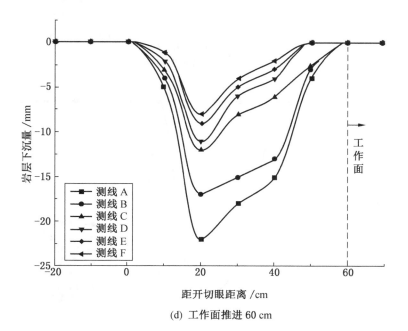

(d) 工作面推进 60 cm

图 5-13　下煤层开采上覆岩层移动变形规律

3. 大间距（18 m）近距离煤层下煤层开采上覆岩层移动变形特征

对于较大间距的近距离煤层，当下煤层开采至 30 cm 时，下煤层直接顶（即测线 1 所在位置）突然破断并失稳，随着工作面的推进，该岩层继续下沉并触底，其他岩层未发生明显下沉（图 5 – 14a 和图 5 – 14b）。当工作面推进至 50 m 时，上煤层底板附近岩层发生下沉，但下沉量较小，仅 2.5 mm（图 5 – 14c），这

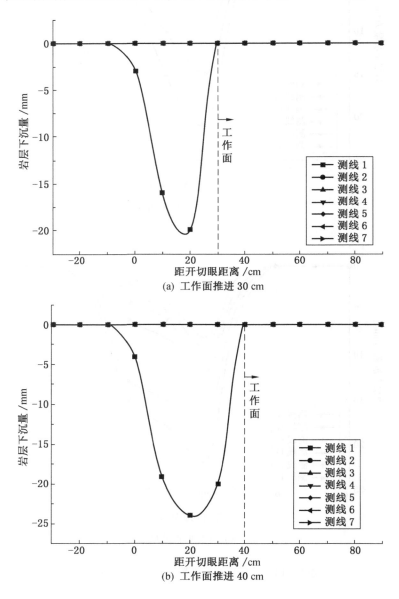

(a) 工作面推进 30 cm

(b) 工作面推进 40 cm

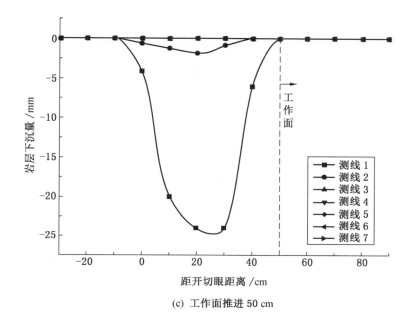

(c) 工作面推进 50 cm

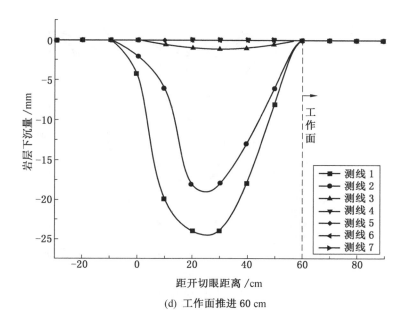

(d) 工作面推进 60 cm

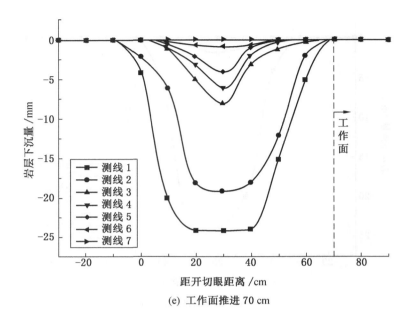

(e) 工作面推进 70 cm

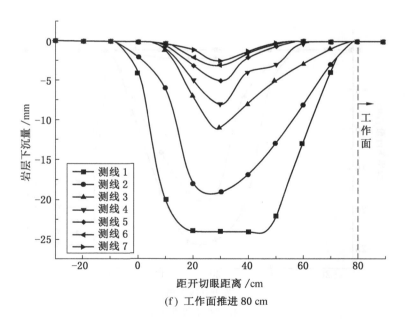

(f) 工作面推进 80 cm

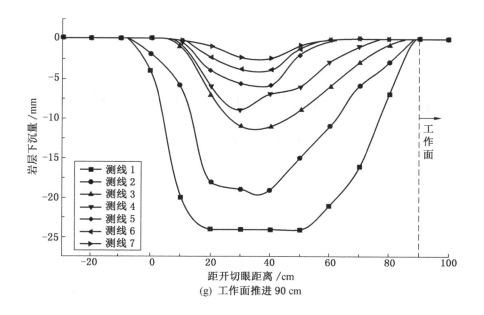

(g) 工作面推进 90 cm

图 5 - 14　下煤层开采上覆岩层移动变形规律

是由于层间距较大，其下方垮落岩体能够将采空区充填满，因此，在下煤层采空区已垮落矸石的支撑下其下沉量较小。当工作面推进至 60 cm 时，测线 2 所在岩层下沉速度加快，达 18 mm；而测线 3 所在岩层虽在上煤层开采过程中已发生断裂但仍此时仍能够相互铰接，具有一定的承载能力，下沉量较小（图 5 - 14d）。当工作面推进至 70 cm 时，测线 3、测线 4、测线 5 和测线 6 所在岩层发生下沉，这是由于测线 2 所在岩层的加速下沉为上覆岩层的回转变形留出了空间（图 5 - 14e）。当工作面推进至 80 cm 时，距工作面 50 cm 处采空区上覆岩层达到最大下沉值，由图 5 - 14f 和图 5 - 14g 可知，在工作面正常回采阶段，当层间距较大时，对工作面影响较大的是层间岩层和垮落带内已垮落矸石，这是由于层间岩层的垮落能够充填满采空区，后期压实作用并未引起上煤层垮落带上方已断裂岩体的失稳，而是发生了一定程度上的回转变形。

综上所述，随着层间距的增大，下煤层开采引起的上覆岩层的再次下沉的速度逐渐减小，覆岩运动稳定区滞后工作面的距离逐渐增大。大间距近距离煤层下煤层开采一般不会导致上煤层已断裂铰接岩块的失稳，而是导致其一定程度的回转下沉，在正常回采阶段形成上煤层砌体梁结构和下煤层砌体梁结构的双砌体梁结构，该结构的稳定是影响下煤层工作面压力及顶板稳定性的主要因素。

6 巷道围岩变形机理及工作面 支架适应性研究

由第 4 章和第 5 章中的近距离煤层数值模拟和上覆岩层运动规律试验研究可知，随着上下煤层层间距的增大，当开采下煤层时，下煤层采空区覆岩运动稳定区滞后下煤层工作面的距离不断增大，上位岩层运动对工作面压力的影响不断降低。类似的，在下煤层开采过程中，随着上下煤层层间距的不断减小，上覆岩层运动对下煤层回采巷道稳定性的影响不断加剧，下煤层回采巷道变形剧烈，支护困难，漏顶事故频发，给工作面的安全生产带来了很大威胁。而对于上下煤层层间距较大的近距离煤层开采，下煤层回采巷道的稳定性、安全性、支护难易程度均大大提高。根据第 5 章中下煤层巷道合理位置确定的研究结果，当下煤层回采巷道布置在上煤层区段煤柱下方且下煤层回采巷道外错约 5 m 时较为合理。因此，本章主要针对层间距较小且上下煤层回采巷道错距为 5 m 的近距离煤层，下煤层回采巷道围岩变形机理展开研究，通过建立上煤层砌体梁结构力学模型，分析上煤层关键块体运动对下煤层回采巷道围岩变形的影响，通过研究层间距较小近距离煤层，下煤层回采巷道围岩变形机理，进而提出小间距近距离煤层回采巷道围岩稳定性控制对策，并把相关的研究成果应用于跟沙坪煤矿类似条件的工作面，验证和优化研究结论。

6.1 巷道围岩变形机理

由前述对近距离煤层覆岩运动规律及工作面矿压分布规律的研究可知，在近距离煤层开采中，上煤层工作面回采期间集中应力对层间岩层的损伤是造成层间岩层自身承载能力下降的主要原因。而上煤层区段煤柱上方关键层结构的变形、断裂及运动特征，是影响下煤层回采巷道稳定性的主要外部因素。在下煤层的开采过程中，工作面端头超前支撑压力的影响是回采巷道冒顶、片帮及其他动力灾害发生的主要区域，下煤层的开采导致上煤层关键块运动、失稳是近距离煤层开采下煤层回采巷道顶板事故发生的主要原因。因此，本节通过分析上煤层开采过程中煤柱上方关键层的受力特征，建立上煤层弧形三角块运动力学模型并对其弯矩和挠度进行计算；通过对下煤层开采过程中上煤层关键块运动过程的力学分析，分析下煤层巷道顶板的变形及受力特征。

6.1.1　上煤层巷道顶板力学分析及弯矩、挠度计算

下煤层回采巷道顶板变形破坏及稳定性与弧形三角块 A 的破断特征及回转运动密切相关。下煤层巷道顶板简支梁受力分析如图 6 - 1 所示，弧形三角块 A（关键块 A）的回转运动会对巷道直接顶产生一个倾斜作用力 σ_A，该作用力通过煤柱和层间岩层的传递会加剧下煤层巷道围岩的变形破坏。

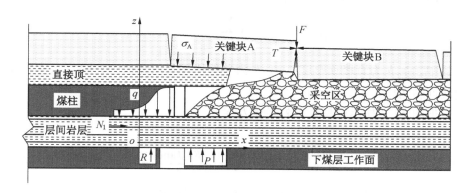

图 6 - 1　下煤层巷道顶板简支梁受力分析

弧形三角块 A 的回转将会通过煤柱和层间岩层的传递对下煤层巷道顶板产生一个倾斜的挤压力 σ_A，该挤压力使下煤层巷道顶板产生一定的弯矩和挠度，致使顶板发生拉断破坏，故对下煤层巷道顶板进行力学分析对于巷道围岩控制有重要的指导作用。现将下煤层巷道顶板视为简支梁，该简支梁一侧由煤柱支撑，另一侧由实体煤帮支撑，其受力分析如图 6 - 2 所示。

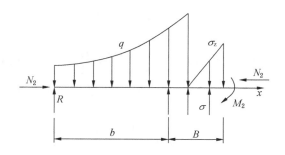

图 6 - 2　下煤层巷道顶板简支梁力学模型

由于弧形三角块 A 对直接顶的回转挤压力 σ_A 可分解为垂直方向作用力 σ_z 和水平方向偏心力 N_2，且偏心力 N_1 会产生一个偏心力偶矩 M_2。近似认为煤柱对直接顶作用力是均布的以及实体煤帮对顶板支撑力 R 的作用点位于实体煤帮边缘，则下煤层巷道顶板简支梁抽象出来的力学模型即为图 6 - 2 所示的样子。

根据相关文献可知，侧向支承压力弹性区载荷 q 可表示为

$$q(x) = \gamma H + \frac{5}{3}(14 - x)\,\mathrm{e}^{\frac{x-10}{4}} \tag{6-1}$$

其中，偏心力 N_2 对产生的偏心力偶矩 M_2 可表示为

$$M_1 = \frac{Kx_0^2\tan\theta\left(\sum h - x_0\tan\theta\right)}{4} \tag{6-2}$$

式中，$\sum h$ 为直接顶厚度，m；K 为单位压缩量所需的力，kN/m；θ 为弧形三角块回转角度，(°)。

根据图 6 - 2 所示模型，可列平衡方程：

$$\begin{cases} N_1 - N_2 = 0 \\ R + pB - \displaystyle\int_0^{b+B-x_0} q\mathrm{d}x - \dfrac{Kx_0^2\tan\theta}{2} = 0 \end{cases} \tag{6-3}$$

此外，对坐标原点取矩，得弯矩平衡方程，$\sum M = 0$，即

$$pB\left(\frac{B}{2} + b\right) - \int_0^{b+B-x_0} q\mathrm{d}x - \frac{Kx_0^2\tan\theta}{2}\left(b + B - \frac{x_0}{2}\right) - M_2 = 0 \tag{6-4}$$

式中，b 为巷道宽度，m；B 为煤柱宽度，m。

在上煤层工作面开采过程中，区段煤柱上方岩层形成在水平推力 T 和采空区垮落矸石支撑力 F 作用下的超静定悬臂梁结构，设悬臂梁长度为 l，则弯矩 M、水平推力 T 和支撑力 F 可由下式给出：

$$\begin{cases} F = \displaystyle\int_0^{x_0} q\mathrm{d}x + \gamma l\left[150 - \frac{(80 - l)}{80f}\right] - px_0 \\ T = \dfrac{1}{\mu}F = \dfrac{1}{\mu}\left\{\displaystyle\int_0^{x_0} q\mathrm{d}x + \gamma l\left[150 - \frac{(80 - l)^2}{80f}\right] - px_0\right\} \\ M = \displaystyle\int_0^{x_0} qx\mathrm{d}x + \gamma l\left[150 - \frac{(80 - l)^2}{80f}\right] + \frac{Th}{2} - \frac{px_0^2}{2} - F(x_0 + l) \end{cases} \tag{6-5}$$

联立式 (6 - 1)、式 (6 - 2)、式 (6 - 3) 及式 (6 - 5)，实体煤帮对简支梁的支撑力 R 可表示为

$$R = \int_0^{b+B-x_0}\left[\gamma H + \frac{5}{3}(14 - x)\,\mathrm{e}^{\frac{x-10}{4}}\right]\mathrm{d}x + \frac{Kx_0^2\tan\theta}{2} - \frac{\gamma}{1000}\left[\left(B + \frac{S}{2}\right)H - \frac{S^2}{8\tan\beta}\right]$$

$$\tag{6-6}$$

130

6.1.2　下煤层巷道顶板弯矩计算分析

通过对下煤层巷道顶板简支梁进行受力分析，得出顶板弯矩方程，通过计算可以找出弯矩最大处，即破断高危区，为下煤层巷道控制提供依据。下煤层巷道位于$[0,b]$区间内，其顶板简支梁弯矩方程可表示为

$$M(x) = \int_0^x (x - \xi) q(\xi) d\xi - Rx \qquad (6-7)$$

联立式（6-1）、式（6-6）及式（6-7）得下煤层巷道顶板简支梁在$[0,b]$区间上的弯矩方程：

$$M(x) = \int_0^x (x - \xi) \left[\gamma H + \frac{5}{3}(14 - x) e^{\frac{x-10}{4}} \right] d\xi + \frac{K x_0^2 x \tan\theta}{2} - \int_0^{b+B-x_0} \left[\gamma H + \right.$$

$$\left. \frac{5}{3}(14 - x) e^{\frac{x-10}{4}} \right] dx - \frac{\gamma}{1000} \left[\left(B + \frac{S}{2} \right) H - \frac{S^2}{8\tan\beta} \right] \qquad (6-8)$$

根据沙坪矿相关地质生产资料，各项参数取值如下：顶板岩层平均容重 $\gamma = 25$ kN/m³；煤层埋深 $H = 96.27$ m；直接顶刚度 $K = 100$ MPa；弧形三角块在煤柱内断裂位置 $x_0 = 2.52$ m；下煤层回采巷道宽度 $b = 5.0$ m；煤柱宽度 $B = 20$ m；剪切角 $\beta = 30°$；下煤层工作面宽度 $S = 310$ m。将上述参数代入式（6-8）得到下煤层回采巷道顶板简支梁的弯矩方程：

$$M(x) = \left(11030.38 + \frac{35}{3} e^{\frac{x-10}{4}} \right) x^2 - \frac{70}{3} e^{\frac{5x}{2}} - 51639.02x \qquad (6-9)$$

根据式（6-9）的弯矩方程，利用数值计算软件可计算出下煤层巷道顶板简支梁弯矩分布规律：整体上弯矩中间大、两帮小，且靠近副帮侧弯矩大于正帮侧，最大弯矩值约位于 $x = 2.15$ m 位置，偏离巷道中心线约 0.35 m，此处由于直接顶最易发生破坏，所以在巷道支护方面，此处应为巷道控制的关键点。

6.2　巷道稳定性控制现场试验

根据以上分析可知，上煤层工作面的回采造成煤柱上方关键层的破断和回转，上煤层关块的运动造成下煤层回采巷道顶板最大弯矩位置由巷道中线偏煤帮区域向工作面方向移动，当层间距较小时，下煤层的开采将造成上煤层关键层的失稳，从而造成超前支撑压力范围靠工作面方向巷道顶板发生破坏。而由第四章的数值模拟分析可知，下煤层的开采会造成上煤层关键块超前工作面发生回转，且随着层间距的减小，超前工作面开始运动的距离不断增大。因此，在进行巷道支护的过程中，应加强巷道中部一定范围内顶板的支护，提高巷道围岩的整体性能。又由于上煤层回采过程中的应力集中对层间岩层及上煤层煤柱造成一定程度的损伤，大大弱化了层间岩层和煤柱的承载能力，且在巷道围岩变形破坏过

程中，下煤层回采巷道煤帮塑性区的扩展将加剧巷道顶板的变形破坏，从而影响巷道围岩整体的稳定性。因此，特别是当层间距较小时，在掘进期间初次支护后应对层间岩层及上煤层煤柱进行注浆加固，最大限度地限制由于下煤层开采造成的上煤层关键层的超前运动，提高巷道顶板岩层的整体承载性能。

6.2.1　巷道围岩稳定性控制原则

（1）及时支护，注浆加固。当煤层间距较小时，上煤层回采形成的支撑压力会对巷道顶板造成损伤，弱化了层间岩层的承载性能。因此，在下煤层回采巷道掘进期间，应及时使用单体支柱对巷道顶板进行临时支护，减小空顶距离，防止掘进期间冒顶事故的发生。锚网索支护后，应对巷道顶板和上煤层区段煤柱塑性区进行注浆，提高层间岩层和煤柱塑性区的承载能力，限制和减小上煤层关键层因下煤层回采产生的超前运动范围。

（2）分区设计，协同控制。在同一回采巷道，上下煤层层间距有很大差异，应在支护设计时对回采巷道进行分区设计，对层间距较小、巷道顶板完整性较差的重点区域加强支护。在支护设计时，除采用常规的锚网索支护外，应在巷道顶板锚索间加装桁架、工字钢、W钢带等，协同控制巷道围岩，提高顶板岩层的整体性能，防止巷道顶板因局部破坏造成支护失效，导致巷道大面积塌方。

（3）主、被动支护结合，保证巷道围岩稳定。当煤层间距较小时，除采用常规的预应力锚杆、预应力锚索等主动支护方式外，还应通过假设工字钢棚等被动支护形式支护巷道，主动支护与被动支护相结合，保证在下煤层回采期间巷道围岩的稳定。

（4）加强预测预报，及时补强支护。在现代化长壁开采模式下，由于工作面和巷道长度较长，岩层的地质条件千差万别，对巷道顶板岩层的结构特征和较小断层等地质构造进行详细的分析难以实现。因此，在巷道按照设计进行支护后，还应对巷道围岩变形及受力状态进行预测预报，对达到预警值的区域及时采取合理的补强支护形式，保证巷道的稳定性。

6.2.2　工程地质条件

通过沙坪煤矿1808工作面附近的钻孔资料可以得到工作面胶运巷煤层及顶板情况：平均煤厚2.6 m，直接顶为厚度约3 m的砂质泥岩，泥质胶结与上覆灰色砂质泥岩互层，适合锚杆支护；直接底为约0.5 m厚的灰黑色黏土岩，主要为泥质和黏土质，局部夹条带状细砂岩，底部砂岩成分增加；上煤层直接顶为厚5.68 m的粉砂岩，粉砂岩上覆7.08 m厚的砂质泥岩，砂质泥岩强度较小，稳定性差。通过对胶运巷上下煤层层间距的分析，自 1808 工作面终采线 254 m 范围内层间距大于 5 m，其后至开切眼层间距均小于 5 m，因此将胶运巷分为 I 阶段和 II 阶段（前 254 m 为 I 阶段，254 m 以后为 II 阶段），具体如图 6 - 3 所示。根据生产要求，1808 工作面巷道外错上煤层巷道 5 m 布置，采用矩形，尺寸设计为 5.0 m × 2.6 m（宽 × 高）。

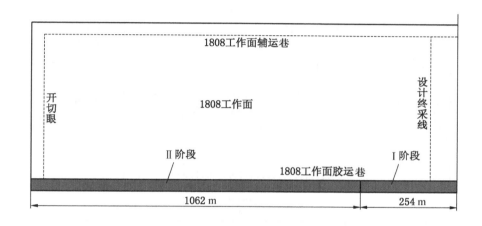

图 6 - 3　胶运巷分区示意图

6.2.3　支护设计

为了将锚杆加固的"组合梁"悬吊于坚硬岩层中，需用高强度的锚索进行补强支护。确定 1808 工作面顶板均采用"锚杆 + 金属网"联合支护，并采用锚索补强支护。顶板遇地质构造时，支护形式根据现场施工情况制定安全技术措施，及时改变支护工艺，进行加强支护。对巷道围岩进行支护后，在 II 阶段对巷道顶板层间岩层进行注浆加固，在 II 阶段对巷道顶板层间岩层、巷帮及上煤层煤柱进行注浆加固。

1. 顶板支护

I 阶段：巷道顶部均采用锚杆 + 锚索 + 钢丝网联合支护，锚杆端头锚固，矩形对称布置；顶锚杆规格为 $\phi 18 \times 2000$ mm，间排距为 1100 mm × 1000 mm，树脂型号为 CK23400，1 卷/眼；锚索规格为 $\phi 21.8 \times 6000$ mm，托盘规格为 16 mm × 300 mm × 300 mm，间排距为 2200 mm × 3000 mm，树脂型号为 CK23600，2 卷/眼；巷道顶部使用规格为 1200 mm × 5200 mm 的 10 号金属网，网片搭接宽度为 200 mm；巷道支护断面图和平面俯视图分别如图 6 - 4a、图 6 - 4b 所示。

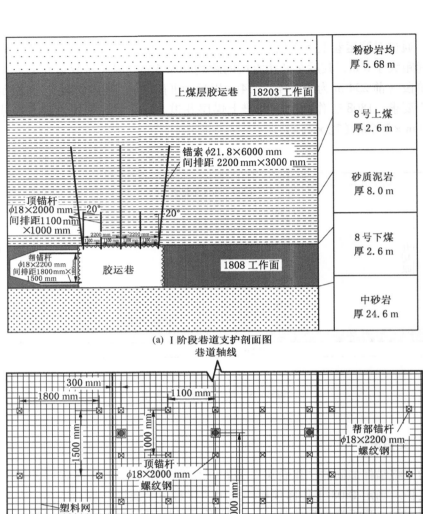

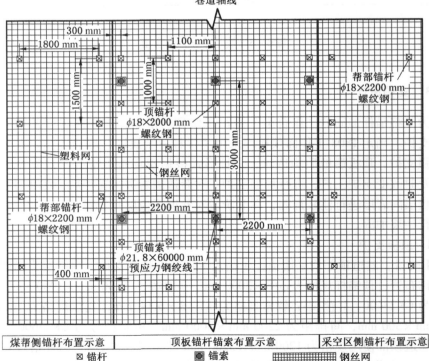

(a) Ⅰ阶段巷道支护剖面图
巷道轴线

煤帮侧锚杆布置示意 ⊠锚杆　顶板锚杆锚索布置示意 ◼锚索　采空区侧锚杆布置示意 钢丝网

(b) Ⅰ阶段巷道支护平面图

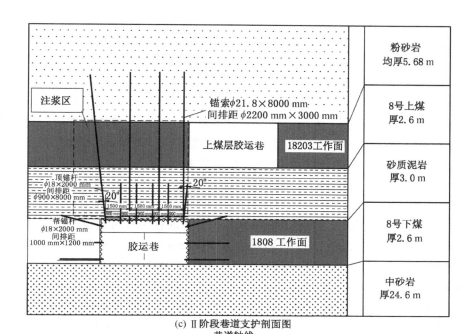

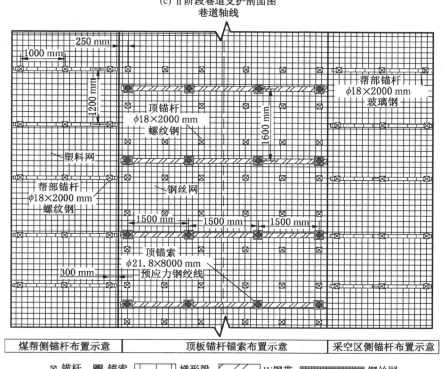

(c) Ⅱ阶段巷道支护剖面图
巷道轴线

(d) Ⅱ阶段巷道支护平面图

图 6-4　巷道支护设计平剖面图

Ⅱ阶段：巷道顶部均采用锚杆＋锚索＋铁丝网联合支护，锚杆端头锚固，矩形对称布置；顶锚杆规格为 $\phi18 \times 2000$ mm，间排距为 900 mm × 800 mm，树脂型号为 CK23400，1 卷/眼；锚索规格为 $\phi21.8 \times 8500$ mm，托盘规格为 16 mm × 300 mm × 300 mm，间排距为 1500 mm × 1600 mm，一排 3 根，并使用 230 mm × 4600 mm 的 W 钢带连接，树脂型号为 CK23600，2 卷/眼。巷道顶部使用规格为 1000 mm × 5000 mm 的 10 号金属网，网片搭接宽度为 200 mm；对层间岩层和上煤层区段煤柱塑性区进行注浆加固，巷道支护断面图和平面俯视图分别如图 6 – 4c、图 6 – 4d 所示。

2. 两帮支护

Ⅰ阶段：巷道两帮采用规格为 $\phi18 \times 2200$ mm 的铁锚杆进行支护，间排距为 1800 mm × 1500 mm，2 根/排，帮网规格为 2600 mm × 5000 mm 塑料网；顶网之间、帮网与顶网、帮网之间搭接宽度为 200 mm，并用 14 号铁丝捆绑，捆绑间距为 200 mm。

Ⅱ阶段：巷道正帮采用规格为 $\phi22 \times 2000$ mm 玻璃钢锚杆支护，帮网规格为 2600 mm × 5000 mm 塑料网，正帮间排距为 1000 mm × 1200 mm，3 根/排，遇帮部压力显现明显、片帮区域锚杆间排距变为 800 mm × 800 mm，4 根/排；副帮采用规格为 $\phi18 \times 2200$ mm 的铁锚杆＋梯形梁进行支护，帮网规格为 2600 mm × 5000 mm 塑料网，间排距为 800 mm × 1200 mm，4 根/排；顶网之间、帮网与顶网、帮网之间搭接宽度为 200 mm，并用 14 号铁丝捆绑，捆绑间距为 200 mm。

3. 监测设计

（1）在巷道支护完成后、工作面回采前、距工作面 50 m 时对巷道顶板和两帮锚杆、锚索各抽查 3 根，主要检测锚杆扭矩、拉拔力和锚索的抗拔力，每班进行，及时对失效锚杆和锚索进行紧固或重新补打。

（2）采用巷道围岩位移监测仪对巷道顶底板及两帮进行位移监测，当巷道顶底板位移量达到 100 mm 时，应及时在其前后 20 m 范围内补打锚索，并架设工字钢棚。

（3）在巷道顶板锚索安装阶段，在锚索上安装锚索受力监测仪，每 50 m 布置一套锚索受力测站，每班检查各个测站锚索受力情况。

6.2.4 应用效果

按照上述 1808 工作面胶运巷Ⅰ阶段和Ⅱ阶段的支护设计方案进行支护，巷道支护效果如图 6 – 5 所示。

支护完成至工作面回采前巷道围岩变形和工作面回采期间巷道围岩变形规律

如图 6 - 6 所示。

(a) I 阶段巷道支护效果   (b) II 阶段巷道支护效果

图 6 - 5   胶运巷支护效果

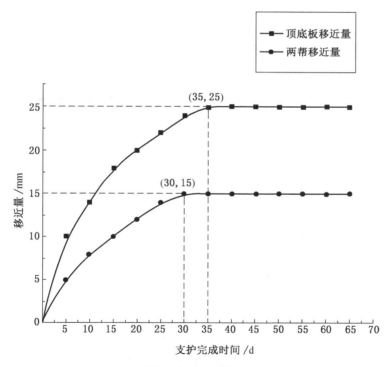

(a) 回采前 I 阶段巷道围岩变形曲线

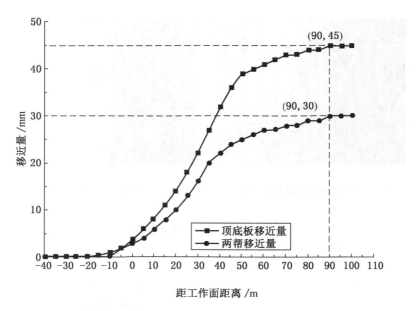

(b) 回采期间I阶段巷道围岩变形曲线

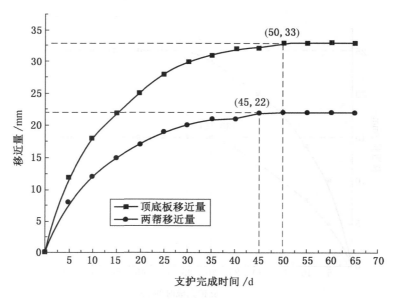

(c) 回采前Ⅱ阶段巷道围岩变形曲线

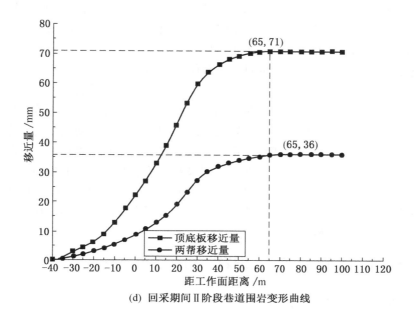

(d) 回采期间Ⅱ阶段巷道围岩变形曲线

图6-6　工作面回采前巷道围岩变形曲线

由图6-6可知，对于层间距较大的Ⅰ阶段，在巷道完成支护后至下煤层工作面回采前，上煤层工作面的回采对下煤层胶运巷有一定影响，当下煤层胶运巷处于上煤层工作面超前支撑压力区以外时，下煤层胶运巷顶底板位移及两帮收缩变形量均较小，日均下沉量不足1 mm（图6-6a）。当下煤层胶运巷处于上煤层工作面超前支撑压力区影响范围内时，下煤层顶底板位移量和两帮收缩量有所增大，且随距工作面距离的不断减小，增大速度不断增加，滞后工作面约35 m处时，巷道围岩变形速度开始减小，并在滞后工作面约90 m时，巷道围岩趋于稳定（图6-6b）。对于层间距较大的Ⅱ阶段，在巷道完成支护后至下煤层工作面回采前，上煤层工作面的回采对下煤层胶运巷有较大影响，当下煤层胶运巷处于上煤层工作面超前支撑压力区以外时，下煤层胶运巷顶底板位移及两帮收缩变形增量相比Ⅰ阶段有所加大，但日均下沉量仍不足1 mm（图6-6c）；当下煤层胶运巷处于上煤层工作面超前支撑压力区影响范围内时，下煤层顶底板位移量和两帮收缩量突然增大，且随距工作面距离的不断减小，增大速度不断增加，直到滞后工作面约20 m处时，巷道围岩变形速度开始减小，并在滞后工作面约70 m时，巷道围岩趋于稳定（图6-6d）。由图6-14可知，无论是上煤层工作面回采前还是回采期间，当层间距较小时，下煤层巷道顶底板和两帮的变形量均大于层间距较大时的巷道；且当层间距较小时，下煤层巷道顶底板和两帮超前工作面20 m变形速度突增，而层间距较大时，下煤层巷道顶底板和两帮变形速度增大时仅超前工作面约10 m，这是由于随着层间岩层厚度的不断增大，支撑压力向下传递的衰减程度增大，且层间岩层的自身承载能力不断提高。

综上所述，随着上下煤层间层间距的不断减小，下煤层巷道围岩变形量显著增大，且巷道围岩变形速度增大时超前工作面距离不断增加。当层间距较小时，上煤层支撑压力区对下煤层巷道围岩变形的影响显著，导致动压区内下煤层巷道围岩变形更加剧烈，且围岩变形稳定时滞后上煤层工作面距离较近。因此，对于在上煤层工作面回采前已经布置下煤层回采巷道的情况，应在上煤层工作面回采前，超前上煤层工作面及时在下煤层回采巷道进行超前支护，且随着层间距的减小，超前距离应有所增大。在此期间，应对巷道围岩变形进行连续观测，待巷道围岩变形稳定后方可撤除临时支护。

6.3 下煤层工作面"支架－围岩"相互作用关系

6.3.1 "支架－围岩"结构特征

我国长壁开采工作面顶板控制一般采用具有恒阻性能的液压支架，然而在工作面顶板稳定性控制中，工作面支架并非独立存在，而是与工作面直接顶、基本顶及底板构成统一的整体，支架与围岩是相互作用着的矛盾统一体。支架与围岩相互作用关系研究的目标是确定支架的合理结构和参数，其实质是研究支架承载性能及其对围岩与支架受力、变形和运动的相互影响。在近距离煤层开采中，从垂直方向上看，支架与围岩相互作用体系由上煤层关键层结构、上煤层垮落散体矸石、直接顶、支架、底板组成，当层间岩层较厚时，则直接顶前还应加入基本顶。在下煤层回采时，基本顶、直接顶和底板对采场矿压产生直接影响，直接顶和底板与支架直接相互作用，而上煤层关键层、下煤层基本顶和直接顶的位态和稳定性对上煤层关键层结构的稳定性有显著影响。

当上煤层开采时，其关键层随着工作面的回采发生弯曲变形、回转和断裂，并形成砌体梁结构；当下煤层开采时层间距较小的层间岩层不具备成为基本顶的岩石力学条件，且直接顶的垮落不能充填采空区形成层间岩层回转触矸的条件，加上上位煤层开采的损伤作用，不能形成"砌体梁"结构，层间岩层与上煤层的采空区矸石一起随采随垮。当层间距较大时，由于直接顶的垮落使基本顶岩层的回转变形空间十分有限，在基本顶岩层断裂失稳前触矸，随着工作面的回采能够断裂形成"砌体梁"结构，但由于受到上煤层支承压力的损伤作用，层间岩层的基本特征发生变化，而上煤层开采形成的垮落岩层和弯曲下沉带施加的部分荷载共同作用在层间岩层之上成为上覆载荷的来源之一。近距离煤层开采下煤层采场支架－围岩结构力学模型如图6－7所示。

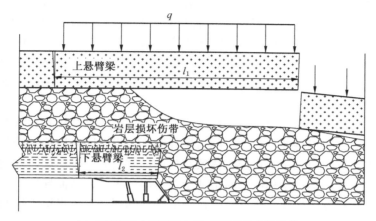

(a) 层间距较小时采场支架-围岩结构力学模型

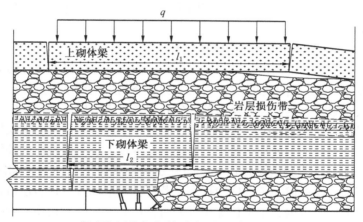

(b) 层间距较大时采场支架-围岩结构力学模型

图6－7　近距离煤层开采下煤层采场支架－围岩结构力学模型

　　由图6－7可知，当上下煤层间距较小时，下煤层覆岩形成的双悬臂梁结构具有以下特征：①由9 m厚的细砂岩作为8号上煤层工作面的关键层，在上煤层工作面回采后断裂形成砌体梁结构，在下煤层工作面回采期间其破断特征和失稳形式对8号下煤层工作面直接顶的变形、断裂、回转和失稳将产生直接影响，对下煤层工作面的来压规律起决定性作用；②在上煤层开采时支撑压力的影响下，层间岩层浅部的完整性受到破坏，其强度也大幅下降；③由于层间岩层损伤部分裂隙发育，而不能承受关键块咬合时的挤压力，在岩块原本的咬合位置难以形成稳定的咬合点，使得砌体梁关键块的咬合点被迫下移，关键块的实际等效厚度小于岩层实际厚度；④受到下煤层工作面开采的影响，下煤层工作面顶板随采随冒，上煤层的采空区与下煤层的采空区贯穿，造成上煤层砌体梁结构失稳形成上悬臂梁结构，上悬臂梁结构受到覆岩及上煤层垮落矸石荷载作用，共同构成下煤层工作面顶板的破断压力，在下煤层工作面支架的支撑下共同决定了下煤层工作面的矿压显现。

当上下煤层间距较大时，下煤层覆岩形成的双砌体梁结构除具有上述②和③的特征外，还有以下特征：由于层间岩层较厚，下煤层回采后顶板垮落矸石能够及时充填采空区，限制了上煤层砌体梁结构的回转空间，下煤层回采期间不会发生失稳；然而上砌体梁结构的回转造成上覆岩层的下沉，从而导致下煤层砌体梁结构承受的荷载发生变化。因此，上砌体梁结构的回转对下煤层工作面的来压规律起决定性作用。

下煤层工作面液压支架在工作面回采期间的工作阻力计算和支架－围岩关系分析需要解决以下问题：

（1）下煤层悬臂梁结构或砌体梁结构上覆载荷的确定。下煤层开采时，由于上位煤层上覆的若干关键层都已发生破断，使得下煤层基本顶上覆岩层的应力边界条件发生改变，由原来的完整岩层变为破断的岩块对下煤层顶板岩层施加载荷。而上层煤采空区内已经完全垮落的矸石以及未完全垮落呈现一定排列规则的岩块同时对下煤层基本顶岩层施加压力，因此，下煤层开采时上位煤层采空区矸石厚度以及矸石区的扩展规律是确定下煤层基本顶岩层上覆载荷的关键。

（2）下煤层基本顶岩层损伤深度的确定。上煤层工作面回采期间形成的支撑压力对层间岩层造成一定程度的损伤，若下位煤层的基本顶岩层恰好处于上位煤层的底板损伤范围内，则下位煤层开采时其层间岩层受到损伤而发生物理力学性质改变，层间岩层的断裂特征也必然与原来未受损伤的整层基本顶岩层有别，因此，确定下位煤层基本顶岩层的损伤程度是准确判断基本顶岩层运动特征的前提条件之一。

（3）下煤层工作面回采期间，下悬臂梁结构或砌体梁结构形成的临界条件和失稳形式的判定。下煤层层间岩层上覆载荷增大以及受损劣化的可能性使得层间岩层断裂长度降低，若层间岩层断裂岩块长度较小，岩块相互咬合时可能形成短砌体梁结构也可能无法形成砌体梁结构；若断裂后的岩块能够形成正常的砌体梁结构，则其两种不同的失稳形式也会对工作面的矿压显现造成影响，因此，计算下煤层支架合理工作阻力需要确定层间岩层形成的砌体梁结构形式。

6.3.2 层间岩层上覆荷载的研究

近距离煤层开采中,在下煤层开采之前已经将上煤层开采完毕,当开采下煤层时上煤层的基本顶已经发生破断,下煤层的开采会导致上煤层断裂后的基本顶发生二次运动,这样的岩层抗拉强度大幅降低不再能够满足组合梁计算时的基本条件,因此传统的计算方法也就不再适用。如何准确计算多煤层下行开采下位煤层开采基本顶上覆载荷目前并没有统一的方法,研究近距离煤层开采时覆岩垮落规律,认为近距离煤层下行开采过程中,下位煤层与上位邻近煤层间距较大时,下煤层工作面层间岩层具有形成砌体梁结构的条件,则上覆载荷与其开采形成的裂缝带高度有关,并采用基本顶上覆载荷应力传递系数 k(0~1)倍裂缝带高度范围内岩柱重量进行修正计算。基于以上分析并根据采场覆岩结构模型可以得到基本顶、直接顶与"三带"之间的关系:①当层间距较小时,由于下煤层工作面顶板下部形成较大空间,致使层间岩层在破断回转时不能形成类似砌体梁的稳定结构,将导致上下煤层采空区贯通,上煤层垮落带向上发展,使下煤层工作面顶板承受的荷载大幅增大;②当层间距较大时,以基本顶坚硬岩层为主要代表的数层岩石由于其下部垮落矸石的垫层作用,使其只能在一定的范围内垮落回转,断裂岩块间能够形成铰接结构,由于基本顶的回转变形有限,其上下岩层裂隙发育但形成的断裂岩块排序整齐,基本顶岩层一般处于裂缝带内。

当下煤层开采时,若下煤层与上煤层之间有厚层坚硬岩层使得下位煤层开采时具有形成砌体梁结构的岩层条件,同时上下位岩层之间有足够的层间来保证层间厚层岩层不受上位煤层开采集中应力的损伤影响,那么下位煤层开采时层间的厚层坚硬岩层会形成砌体梁结构成为下位煤层开采的基本顶,也是下位煤层垮落带与裂缝带的分界线。显然在这种情况的下位煤层的开采其垮落带与单一煤层开采差异较小,但是其裂缝带由于包含了上位煤层开采采空区"三带",使上煤层裂缝带范围易进一步向上扩展,因此下位煤层的裂缝带高度不仅与下位煤层开采时的基本顶下沉量有关,还与上位煤层开采时形成采空区"三带"范围有关。

因此,上煤层裂缝带的扩展使得下煤层开采时受到更大的上覆载荷,而增加的上覆载荷会影响下煤层开采时岩层的断裂步距,从而对下煤层的开采造成显著影响,因此确定多煤层开采时裂缝带高度是分析多煤层覆岩几何特征和力学特征的前提。

1. 近距离煤层开采裂隙带高度的确定

当上下煤层最小间距 h 大于下煤层的垮落带高度 H_c 时,可先按上下煤层的厚度分别计算裂缝带高度,其中最大标高即为该情况下两层煤的裂缝带高度。当上下煤层的最小间距小于或等于下煤层的垮落带高度时,上煤层的裂缝带高度仍按上煤层的采高计算，下煤层的裂缝带高度按照上下煤层的综合开采厚度计算，其中最大标高即为两层煤的裂缝带高度（图6-8b）。

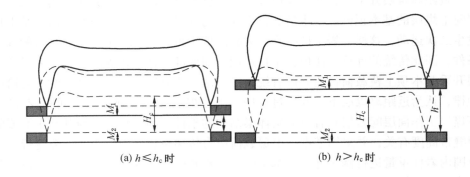

(a) $h \leqslant h_c$ 时   (b) $h > h_c$ 时

图6-8　近距离煤层裂隙带高度的计算

上下煤层的综合开采厚度可按下式计算：

$$M_{z1-2} = M_2 + \left(M_1 - \frac{h_{1-2}}{y_2} \right) \tag{6-10}$$

式中，M_1、M_2 分别为上下煤层采高，m；H_{1-2} 为层间距，m；y_2 为下层煤的冒高与采厚之比。

又根据沙坪煤矿近距离煤层开采工作面的垮落带高度计算公式：

$$H_m = \frac{100 \sum M}{2.1 \sum M + 16} \pm 2.5 \tag{6-11}$$

由沙坪矿的地质条件可知，上下煤层的采高均为2.6 m，代入式（6-11）可知上下煤层的垮落带高度均为14.62 m。

因此，对于沙坪煤矿，当上下煤层间距小于或等于14.62 m时，下煤层裂隙带高度可按综合开采高度计算，由式（6-10）可知，当上下煤层间距为3 m时，上下煤层的综合开采厚度为4.66 m；当上下煤层间距大于14.62 m时，分别计算上下煤层裂缝带高度取最大标高即可。

根据沙坪煤矿整个煤层的裂缝带高度计算公式：

$$H_{1i} = \frac{100 \sum M}{1.2 \sum M + 2.0} \pm 8.9 \tag{6-12}$$

可知在沙坪煤矿近距离煤层开采中，当上下煤层层间距为3 m时，下煤层的裂缝带高度为70.29 m；当上下煤层层间距为18 m时，下煤层的裂缝带高度为

59.68 m。

2. 裂缝带岩石应力传递系数

上煤层关键层上的荷载处于裂缝带，该区域荷载处于非压实状态，当下煤层开采时，上煤层关键块上的载荷只是部分裂缝带的重量。因此，有必要对裂缝带岩石应力传递系数进行分析。

根据相关研究，载荷传递因子可用式（6-13）表示：

$$k = k_r k_t \qquad (6-13)$$

式中，k_r 为载荷传递岩性因子；k_t 为载荷传递时间因子。

根据现有研究成果，k_r 可用式（6-14）表示：

$$k_r = \frac{1}{2h_1(1-\sin\varphi)\tan\varphi} \qquad (6-14)$$

则周期来压时关键块的上覆单位载荷为

$$q = k_r k_t \gamma h_1 \qquad (6-15)$$

式中，h_1 为载荷层厚度；φ 为载荷层内摩擦角；γ 为载荷平均体积力。

根据已有的底板破坏深度滑移线理论，则有

$$h_d = \frac{0.015H\cos\varphi}{2\cos\left(\frac{\pi}{4}+\frac{\varphi}{2}\right)}\exp\left(\frac{\pi}{4}+\frac{\varphi}{2}\right)\tan\varphi \qquad (6-16)$$

式中，H 为煤层埋深；φ 为上煤层底板岩层的内摩擦角，取 41°。

结合沙坪煤矿近距离煤层开采上煤层岩层结构及工程条件，代入计算可知底板破坏深度为 8.5 m。

由此可知，当煤层间距小于 8.5 m 时，下煤层开采时工作面顶板随采随冒，工作面顶板在液压支架的支撑下方能维持悬臂梁结构，此时工作面顶板承载的载荷全部由工作面支架承担。

6.3.3 下煤层开采"砌体梁"结构失稳类型分析

煤层的开采会引起覆岩的垮落和失稳，根据基本顶的失稳力学机制可将采场基本顶的失稳分为滑落失稳和回转失稳两种类型。滑落失稳多引起采场顶板的"台阶下沉"，易造成顶板沿煤壁整体切落的事故，回转失稳多引起采场顶板的过度回转，易造成支架的大面积压架事故。下煤层开采时基本顶的等效厚度小于原本岩层厚度，基本顶的上覆载荷组成情况也有所改变，这就给下煤层基本顶的稳定性判断带来了一定影响。本节将基于前面章节的相关结论对下位煤层基本顶的失稳类型进行判断。

1. 下煤层工作面砌体梁受力分析

根据前述分析，当煤层间距较大时，下煤层工作面顶板形成砌体梁结构，砌体梁结构中关键块体的稳定性对工作面围岩稳定性有直接影响，因此，对下煤层顶板关键块建立力学模型进行分析，具体模形如图6-9所示。

以 B、C 块整体为研究对象，取 $\sum M_A = 0$，可得

$$Q_c(l\cos\theta_1 + h\sin\theta_1 + l) - (q_1l + P_B)\left(\frac{1}{2}l\cos\theta_1 + h\sin\theta_1\right) + T(h - s - \Delta_2) +$$

$$\left[q_3l - (q_2l + P_c)\right]\left(\frac{1}{2}l\cos\theta_2 + h\sin\theta_2 + l\cos\theta_1 + h\sin\theta_1\right) = 0 \qquad (6-17)$$

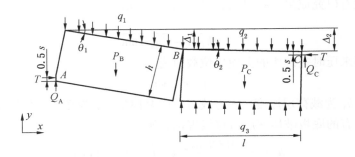

T—关键块之间水平推力；Q_A、Q_C—B、C 块体接触铰上的剪力；P_A、
C 块体的重力；q_1、q_2、q_3—B、C 块体受到的受到集中载荷；l—基本
顶断裂长度；h—基本顶等效厚度；Δ_1、Δ_2—块体下沉高度；
s—B、C 块体接触面高度；θ_1、θ_2—B、C 块体水平回转角

图6-9 下煤层砌体梁关键块力学模型

式(6-17)中，可近似认为最后一项 $\left[q_3l - (q_2l + P_c)\right] = 0$，则式（6-17）可化简为只关于 Q_c、q_1l、P_B、T 的力矩平衡式：

$$Q_c(l\cos\theta_1 + h\sin\theta_1 + l) - (q_1l + P_B)\left(\frac{1}{2}l\cos\theta_1 + h\sin\theta_1\right) + T(h - s - \Delta_2) = 0$$

$$(6-18)$$

同理对 C 块取 $\sum M_B = 0$，$\sum F_y = 0$，可得

$$Q_C = T\sin\theta_2 \qquad (6-19)$$

$$Q_A + Q_C = q_1l + P_B \qquad (6-20)$$

由几何关系可知：

$$\Delta_1 = l\sin\theta_1 \qquad (6-21)$$

$$\Delta_2 = l(\sin\theta_1 + \sin\theta_2) \qquad (6-22)$$

由于两岩块的接触面长度 s 一般很小，根据图 6-10 并由以下关系式求得 s：

$$H'I' = EF \approx h\sin\theta_1 \tag{6-23}$$

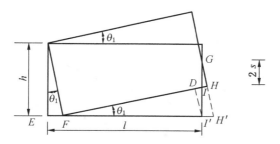

图 6-10　岩块回转接触面长度分析

$$II' = EF \approx l\sin\theta_1 \tag{6-24}$$

$$ID = II'\sin\theta_1 \approx l\sin^2\theta_1 \tag{6-25}$$

$$HI = HD - ID = h\sin\theta_1 - l\sin^2\theta_1 \tag{6-26}$$

$$2s = IG = \frac{HI}{\sin\theta_1} = h - l\sin\theta_1 \tag{6-27}$$

$$s = \frac{1}{2}(h - l\sin\theta_1) \tag{6-28}$$

根据相关文献，岩块 B 和岩块 C 的回转角近似并有以下关系：$\sin\theta_1 \approx 4\sin\theta_2$，令基本顶的块度 $i = h/l$，联立式（6-18）~式（6-22）、式（6-28）可得

$$T = \frac{4i\sin\theta_1 + 2\cos\theta_1}{2i + \sin\theta_1(\cos\theta_1 - 2)}(q_1 l + P_B) \tag{6-29}$$

$$Q_A = \frac{4i - 3\sin\theta_1}{4i + 2\sin\theta_1(\cos\theta_1 - 2)}(q_1 l + P_B) \tag{6-30}$$

由式（6-29）、式（6-30）可以看出，水平推力 T 和 B 块的左侧铰接力 Q_A 都是 B 块所受力的直接函数，在基本顶上覆载荷一定的情况下，T 和 Q_A 只与 B 块的回转角和关键块的块度有关，设 T 和 Q_A 关于 $(q_1 l + P_B)$ 参数因子分别为 k_1、k_2，i 分别取 1/4、1/3、1/2、1，θ_1 在 0°~10°时 k_1、k_2 与 θ_1、i 的关系分别如图 6-11、图 6-12 所示。由图 6-10 可知，关键块的水平推力 T 随回转角 θ_1 增大而增大，随块度 i 的增大而减小；水平推力 T 对 i 的变化比较敏感，一般数倍于关键块 B 所受载荷，此倍数大约是块度 i 的倒数；回转角度 θ_1 对 T 的影响随着 i 的增加而加剧。由图 6-12 可知关键块 B 的铰接力 Q_A 随 θ_1 增大而减小，

随块度 i 的增大而增大，回转角度 θ_1 对 Q_A 的影响随 i 的增大趋于缓和，但不论回转角度 θ_1 和块度 i 如何变化，k_2 都超过 0.7，说明关键块 B 的载荷主要集中在前铰点。

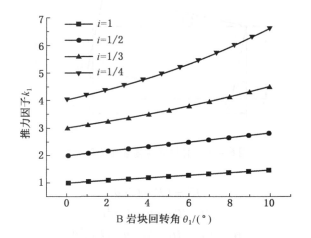

图 6-11 k_1 与 i、θ_1 变化关系

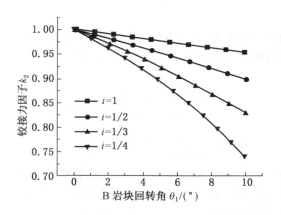

图 6-12 k_2 与 i、θ_1 变化关系

2. 滑落失稳分析

由于关键块 B 的主要载荷集中在前铰点，因此要防止砌体梁结构出现滑落失稳则应满足水平产生的最大摩擦力大于前铰点的载荷，即

$$T\tan\varphi \geqslant Q_A \qquad (6-31)$$

式中，$\tan\varphi$ 为岩块间摩擦因素。

将式（6-18）、式（6-19）代入式（6-20）可得

$$i \leqslant \frac{2\cos\theta_1 + 3\sin\theta_1}{4(1 - \sin\theta_1)} \qquad (6-32)$$

将式（6-32）绘成图，得到 θ_1 与 i 之间的关系（图6-13）。

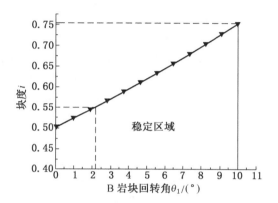

图6-13　i 与 θ_1 变化关系

由图6-13可知，关键块的极限块度随回转角的增大而增大，表明关键块滑落失稳的概率随块度的增大而增大，这也解释了一部分基本顶块度较大的工作面为什么容易发生垮落失稳的现象。图6-13中直线与 y 轴的截距为0.5，是关键块不发生滑落失稳的一个安全块度，即基本顶的断裂长度为断裂块度的2倍时，不论关键块的回转角有多大都不会发生滑落失稳。8号煤层的基本顶等效厚度为12 m时，断裂长度为22 m，形成的关键块块度为0.55。根据图6-13可知，当岩块回转角小于2.2°时工作面会发生垮落失稳，因此，下煤层开采时周期来压的前期阶段工作面容易发生滑落失稳，此阶段也是工作面顶板控制的关键时期。随着基本顶关键块的进一步回转，基本顶的压力逐渐向关键块的后铰点转移，前铰点的压力也逐渐减小，关键块的稳定性提高，工作面的矿压显现趋于缓和，控制难度也逐渐降低。

若下煤层为单一开采煤层，其关键块的断裂块度大于多煤层开采时的块度值，表明多煤层开采时关键块发生滑落失稳的可能性要小于单一煤层开采，但多煤层开采时基本顶承受更大的载荷，在周期来压前期短时间内支架要承受更大的载荷，因此，相对于单一煤层多煤层开采时支架应具有更好的刚度以抵抗基本顶

的冲击性载荷。

3. 回转失稳分析

基本顶岩块不发生回转失稳的条件为

$$\frac{T}{s} \leqslant [\sigma_c] \qquad (6-33)$$

式中，$[\sigma_c]$为基本顶岩石抗压强度。

将式（6-18）、式（6-19）代入式（6-22）得

$$q_1 + \rho g h \leqslant \frac{[2i + \sin\theta_1(\cos\theta_1 - 2)](i - \sin\theta_1)}{8i\sin\theta_1 + 4\cos\theta_1}[\sigma_c] \qquad (6-34)$$

式（6-33）给出了基本顶关键块不发生回转失稳的判断条件，关键块回转的稳定性与岩块的抗压强度成正比，与岩块的上覆载荷成反比，令比例因子为 k_3，i分别取 1/4、1/2、3/4、1，θ_1 在 0°~10°时 k_3 与 θ_1 和 i 的关系，如图6-14所示。

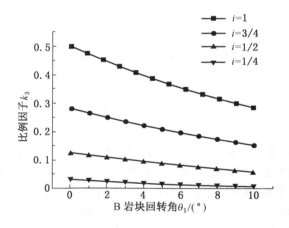

图6-14　k_3 与 i、θ_1 变化关系

图6-14表明，关键块回转的稳定性随岩块块度增大而增大，随回转角的增大而减小。在关键块上覆载荷相同的情况下，随着关键块厚度的增大，岩块咬合接触面积增大，咬合处产生的压应力越小，越不易将咬合处的岩体压碎；而随着关键块的不断回转，关键块上覆压力将向后铰点转移，咬合处的压应力随之增大，关键块也因咬合处岩体破坏的可能性增大而更易发生回转失稳。多煤层开采对基本顶的有效厚度造成一定的损伤，相对于单一煤层开采，更易发生回转失稳。判断 8 号煤层开采时关键块是否发生回转失稳需要进一步确定关键块的最终回转角 θ_1，由于关键块垂直下降距离 s 可用下式确定：

$$\Delta_2 = m - (k_p - 1) \sum h_0 \qquad (6-35)$$

式中，m 为煤层开采高度，3.3 m；k_p 为岩石碎胀系数，取 1.1；$\sum h_0$ 为直接顶厚度，11.8 m。

联立式（6-34）、式（6-35）可得

$$\sin\theta_1 = \frac{4\left[m - (k_p - 1) \sum h_0\right]}{5l} \qquad (6-36)$$

将沙坪煤矿 8 号煤层开采参数代入式（6-36）可得基本顶关键块的最终回转角为 4°，代入式（6-34）可得 $q_1 + \rho g h \leqslant 8.06$ MPa，大于 8 号上煤层基本顶的上覆压力，因此上煤层覆岩关键块不会发生回转失稳。

6.3.4 下煤层开采工作面支架工作阻力的确定

工作面合理工作阻力的确定应以维持工作面顶板岩层的稳定为基础，同时防止采空区冒落的矸石涌入回采空间，以保证采场足够的工作空间，满足正常安全、高效生产。支架工作阻力主要支撑顶梁所受的载荷，包括基本顶滑落、回转失稳时对直接顶产生的载荷以及控顶距范围内直接顶的自重载荷。

1. 当层间距较小下煤层工作面顶板形成悬臂梁结构时

分析可知，当层间距较小时，下煤层工作面回采期间，覆岩形成双悬臂梁结构。随着工作面的回采，当上悬臂梁断裂位置与下悬臂梁断裂位置处于同一铅垂线时，且断裂位置临近工作面煤壁时工作面顶板处于最危险的状态，此时工作面支架承受的载荷最大（图 6-15）。

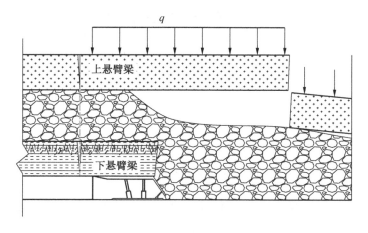

图 6-15 双悬臂梁结构时下煤层工作面支架承载结构示意图

在图 6 – 15 状态时，煤壁对下悬臂梁的支撑反力可忽略不计，层间岩层自重、上煤层垮落带内矸石重量及上悬臂梁覆岩的部分荷载全部由工作面支架承担，因此，工作面支架承受荷载可由下式计算：

$$R = \gamma' H_C + k_u \gamma_u H_U \frac{L_1}{L_2} + \gamma_d H_D \tag{6 – 37}$$

式中　γ'、γ_u、γ_d——上煤层垮落带矸石等效容重（取 21 kN/m³）、裂缝带岩层容重和层间岩层容重；

　　　H_C、H_U、H_D——上煤层垮落带高度、裂缝带高度和层间岩层厚度，m；

　　　　　　k_u——裂缝带岩层应力传递衰减系数，取 0.8；

　　　L_1、L_2——上悬臂梁长度（根据上煤层周期来压步距，取 30 m），工作面支架顶梁长度（取 6 m）。

当上下煤层间距为 3 m 时，将前述的计算结果代入式（6 – 37）可得工作面支架工作阻力 $R = 7692 < 8000$ kN。

2. 当层间距较大下煤层工作面顶板形成砌体梁结构时

确定支架顶梁上的载荷要分析关键块处于最危险状态时的受力情况，根据上文分析可知，关键块的回转角在 0°～2.2°时处于滑落失稳状态，支架平衡关键块失稳需要的工作阻力也最大，而此时基本顶产生的载荷并不会直接作用于支架顶梁，而是通过关键块 B 的下表面与直接顶接触，并以均布载荷的形式施加于直接顶上方，并且由于垮落作用使得直接顶与基本顶接触受力面长度小于基本顶岩块的周期回转长度，直接顶与关键块的力学传递模型如图 6 – 16 所示。

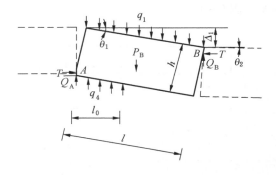

图 6 – 16　关键块 B 力学模型

由平衡条件可知 $Q_B \approx Q_C$，则保证 A 点不发生滑落失稳的条件为

$$q_4 l_0 \geqslant Q_A - T\tan\varphi \tag{6 – 38}$$

式中，q_4 为直接顶与基本顶的接触载荷；l_0 为接触载荷作用范围。

其中，载荷接触范围 l_0 可用式（6-39）、式（6-40）计算，其力学模型如图 6-17 所示。

$$l_{0j} = l_{0j-1} + h_{j-1} \frac{2\cos(\theta_3 + \beta)}{\sin 2\beta} \tag{6-39}$$

$$l_0 = l_1 + \frac{2\cos(\theta_3 + \beta)}{\sin 2\beta} \sum h_0 \tag{6-40}$$

式中，l_{0j} 为直接顶岩块接触长度；h_j 为直接顶岩层高度；θ_3 为岩块断裂角；β 为岩体垮落角；l_c 为控顶距；j 为直接顶岩层层数。

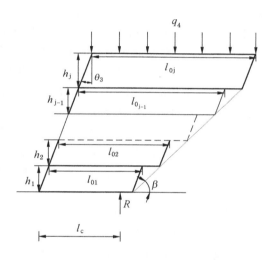

图 6-17　直接顶力学模型

由图 6-17 并根据直接顶的平衡条件可得

$$Rl_c = l_0 q_4 \left(\frac{1}{2} l_0 + \sum_{i=1}^{j} h_i \tan\theta_3 \right) + \sum_{i=1}^{j} P_i \left[\frac{1}{2} l_{0j} + \sum_{m=1}^{i-1} h_i \tan\theta_3 \right] \tag{6-41}$$

联立式（6-38）~式（6-81）可得支架顶梁载荷：

$$R = \frac{(q_1 l + P_B) l_0}{l_c} \left[\frac{4i - 3\sin\theta_1 - (4i\sin\theta_1 + 2\cos\theta_1)\tan\varphi}{4i + 2\sin\theta_1(\cos\theta_1 - 2)} \right] \left(\frac{1}{2} l_0 + \sum_{i=1}^{j} h_i \tan\theta_3 \right) +$$

$$\frac{1}{l_c} \sum_{i=1}^{j} P_i \left[\frac{1}{2} l_{0j} + \sum_{m=1}^{i-1} h_i \tan\theta_3 \right] \tag{6-42}$$

将沙坪煤矿 8 号下煤层 1808 工作面各参数代入式（6-42），计算得到支架工作阻力为 4300 kN，小于 8000 kN，因此工作面在用的支架能够满足要求。

7 工 业 性 试 验

7.1 矿井概况

山西晋神沙坪煤业有限公司所属的沙坪煤矿是 2004 年整合小煤矿后建成的现代化大型矿井，井田范围内共有 6 个可采煤层，自上而下依次为 8 号、9 号、10 号、11 号、12 号、13 号煤层，地质储量为 688 Mt，可采储量 390 Mt，矿井设计生产能力为 2.4 Mt/a，核定生产能力为 3.0 Mt/a，服务年限为 119.5 a，煤层平均倾角 3°。矿井采用斜井 - 平硐综合开拓，三个盘区布置，煤层开采顺序为下行式。8 号煤层结构比较复杂，西南部为合并层，东北分岔为 8 号上分层和 8 号下分层，两个分层均可采，8 号煤层的可采厚度为 0.34 ~ 12.41 m，平均厚度为 4.73 m，层间间距 3 ~ 20 m，以泥岩为主。下距 9 号煤层 4.07 ~ 16.48 m。其他区域内的 8 号煤层均已开采完毕，正在开采位于东北部的 8 号上分层且接近尾声，后续将进入该区域 8 号下分层开采。

8 号下分层煤层开采具有两个明显的特点：一是下分层的回采工作面与上分层的回采工作面在空间布局上呈对位布置，即上下分层的回采工作面在平面投影上处于重叠状态；二是从地质条件来看，上下两个分层的层间距小，平均层间距约为 7.3 m，且层间岩层以性质软弱的炭质泥岩为主，并伴有薄层砂岩层。处于 8 号下分层中分别服务于 1805、1807 和 1808 的 3 个工作面已经形成，根据本书的研究成果，综合考虑上分层的煤柱位置、上下分层之间的间距以及层间岩层条件等因素，从有利于回采巷道围岩稳定与控制的角度出发，将下分层的工作面巷道布置在上分层煤柱的下方即采用外错式布置。根据沙坪煤矿工作面生产接替情况，现场试验工作面定在 8 号下煤层 1808 工作面。

7.2 1808 工作面概况

7.2.1 1808 工作面地质条件

1. 煤层地质条件

煤层结构较复杂，夹矸 1 ~ 2 层，稳定夹矸 1 层，处于煤层中部，岩性为黑灰色砂质泥岩，厚度 0.10 ~ 0.25 m。煤岩层走向 41°，倾向 311°，倾角平均 3° ~

5°，1808 工作面煤厚 1.8 ~ 3.5 m，平均 2.6 m。1808 工作面煤层结构较为稳定，含 1 层稳定夹矸，处于煤层中下部，该煤层为半亮－光亮型煤，主要为条带状结构，其他结构均一，层状构造明显，内外生裂隙较为发育。主要为半亮型煤，其次为半暗型煤，局部出现暗淡型煤。煤质特征为中灰、特低硫、低磷、高热值、高挥发分、低黏结性、高熔灰分、高强度的长焰煤，由于煤层中普遍夹矸 2 层，原煤灰分将会提高。

2. 岩层地质条件

工作面顶板多为砂质泥岩，泥质胶结与上覆灰色砂质泥岩互层，厚度 3.0 ~ 18 m。直接底为灰黑色黏土岩，主要为泥质和黏土质，局部夹条带状细砂岩，底部砂岩成分增加，厚度 3.9 ~ 6.18 m。

3. 水文地质条件

1808 工作面总体水文地质条件为中等，主要充水水源如下：

（1）第四系松散含水层孔隙水：潜水层为弱含水层，补给有限，随地形沟谷变化与地表水形成互补关系，上覆 8 号上煤层回采已造成顶板水疏泄进入采空区。

（2）上覆 18203 工作面采空积水是威胁本工作面回采的主要水害类型。

（3）回采阶段回采工作面不受奥灰水和老窑水影响，工作面设备的冷却水为回采阶段工作面涌水的主要水源。

（4）工作面两巷局部存在起伏，回采过程中会有少量积水，应根据实际情况实施相应排水工程，保证工作面回采需要。

（5）为防止上覆采空区低洼点积水溃出，在回风巷距工作面较近的低洼点，应配置不小于 100 m³/h 的应急排水泵。

4. 其他地质条件

（1）根据晋能集团《关于 2016 年度年产 0.3 Mt 及以上煤矿矿井瓦斯等级和 CO_2 涌出量鉴定结果的批复》，沙坪煤矿相对瓦斯涌出量为 0.62 m³/t，绝对瓦斯涌出量为 4.42 m³/min，相对二氧化碳涌出量为 0.80 m³/t，绝对二氧化碳涌出量为 5.69 m³/min，属低瓦斯矿井。

（2）8 号煤有煤尘爆炸危险，抑制煤尘爆炸最低岩粉用量为 35%。

（3）该煤层有自然发火倾向，为 Ⅱ 类自燃煤层，发火期为 2 ~ 3 个月。

（4）在回采过程中遇到裂隙发育处，易造成煤体疏松，顶板破碎，应加强超前支护。

（5）1808 工作面位于 18203 采空区正下方，采空区低洼点积水是威胁本工作面回采的主要因素，老空水害防治是本工作面防治重点。

（6）在开切眼靠 1808 辅运巷附近揭露冲刷变薄带，煤层最小厚 1.2 m，顶板为中粗砂岩，质硬，底板一般为砂质泥岩；1808 辅运巷侧冲刷范围约 350 m，1808 工作面开切眼冲刷范围约 87 m，预计冲刷带面积 33000 m²。

7.2.2 1808 工作面巷道布置及支护

1808 工作面位于原 18203 工作面采空区正下方，一采区中部，以南为 8 号煤层辅运大巷，西部 1809 辅运巷，东部 1807 胶运巷，原 18203 综采工作面采空区下。1808 工作面地面标高 995 ~ 1105.5 m，煤层底板标高 918 ~ 943 m，设计走向长度 1316.8 m，倾向长度 310 m。1808 工作面煤层厚度 2.25 ~ 2.95 m，平均厚度为 2.6 m，容重为 1.64 t/m³，地质储量为 2.413 Mt，可采储量为 2.365 Mt。1808 工作面采用走向长壁后退式全部垮落综合机械化采煤法，工作面先移架后推溜的方式，邻架操作，一般情况下液压支架滞后采煤机前滚筒 10 架的距离依次跟机移架；特殊情况如基本顶来压、顶板破碎，应紧跟前滚筒移架，移架步距 0.8 m，采用自然垮落法管理顶板。1808 工作面巷道布置平面图如图 7 – 1 所示。1808 综采工作面沿煤层倾向布置，工作面巷道沿煤层走向布置，辅运巷和胶运巷与上分层辅运大巷、主运大巷、回风大巷约成 86° 夹角。辅运巷与上分层辅运大巷相通，带式输送机安设在回风巷并通过调节与主运大巷相通，胶运巷通过回风绕道与上分层集中回风大巷相通。1808 工作面回采巷道采用外错式布置，外错距离为 5 m（图 7 – 2），巷道顶部均使用锚杆 + 锚索 + 金属网支护，顶板破碎

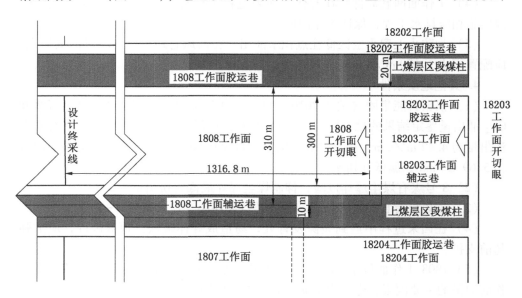

图 7 – 1　1808 工作面巷道布置平面示意图

地段使用锚索＋钢带和架棚加强支护，两巷负帮使用钢锚杆＋金属网支护，正帮使用钢锚杆支护。

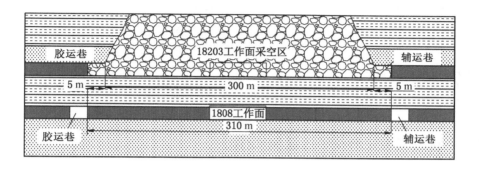

图 7－2　1808 工作面回采巷道布置剖面图

7.2.3　1808 工作面设备配置

根据设计能力及其地质条件，选用国产 MGTY650/1605－3.3WD 型采煤机、国产 ZY8000/20.5/40 型液压支架、国产刮板输送机和国产转载机、破碎机搭配使用。液压支架选用北京支架厂生产的掩护式液压支架，共 182 台，其中工作面中部支架 172 台，过渡架 4 台，端头支架 6 台，液压支架参数见表 7－1。工作面刮板输送机及转载机、破碎机选用张家口煤机厂配套设备。采煤机技术特征见表 7－2。乳化液泵（BRW400/31.5X4A 型和 BRW400/31.5 型）及喷雾泵（BPW516/13.2X4A 型）均为国产，乳化液泵为四泵两箱，喷雾泵为两泵一箱。移动变电站选用 KBSGZY－2000 kV·A 移动变电站 1 台，KBSGZY－2500 kV·A－315 kV·A/10 kV/0.66 kV 移动变电站 1 台，KBSGZY－2500 kV·A 移动变电站 3 台。开关选用 KJZ3－1500/3300－9 真空组合开关 1 台、KJZ－1500/1140Z 真空组合开关 1 台。另选国产 KTC101 通信控制系统一套。选用电光防爆 ZBZ－4.0M 型照明综合保护装置。

表 7-1　液压支架主要技术参数

支架型号	ZY8000/20.5/40	支撑高度/mm	2050~4000
支架中心距/mm	1750	移架步距/mm	800
支护强度/MPa	0.97	工作阻力/kN	8000
端头支架重/t	25.4	泵站额定压力/MPa	31.5

表7-2 采煤机主要技术参数

采煤机型号	MGTY650/1650 - 3.3D	过煤高度/mm	0 ~ 400
供电电压/V	3300	总装机功率/kW	1605
滚筒直径/mm	2200	滚筒截深/mm	800
生产能力/(t·h⁻¹)	2700	牵引速度/(m·min⁻¹)	0 ~ 9.73 ~ 23
机身尺寸(长×宽×高)/ (mm×mm×mm)	16163 ×2850 ×1695	整机重量/t	约91
		采高范围/m	2.05 ~ 4.00

7.3 巷道围岩变形及矿压显现规律

7.3.1 巷道围岩变形

在工作面回采前,分别在1808工作面胶运巷的Ⅰ阶段和Ⅱ阶段布置巷道围岩变形测点,采用十字交叉法在距工作面50 m对胶运巷进行巷道围岩变形监测。同时,在位移测站分别对巷道顶板布置顶板岩层破坏测孔,随着工作面的推进每天对测孔进行探测,监测胶运巷顶板岩层的破裂情况,探测设备及现场探测如图7-3所示。

(a) YTJ20 型岩层探测记录仪

(b) 现场探测

图7-3 1808工作面巷道顶板钻孔探测记录仪及现场探测

无论是层间距较大的Ⅰ阶段还是层间距较小的Ⅱ阶段，随着工作面的回采胶运巷顶底板变形和两帮变形几乎同时发生（图7-4）。其中，当层间距较小时，巷道顶底板变形略超前两帮变形，这是因为在上煤层回采期间，支撑压力区对巷道顶板造成一定程度的损伤且损伤区贯穿层间岩层，大幅降低了层间岩层的承载能力，故巷道顶板对下煤层工作面的采动影响比较敏感。Ⅰ阶段巷道顶底板和两

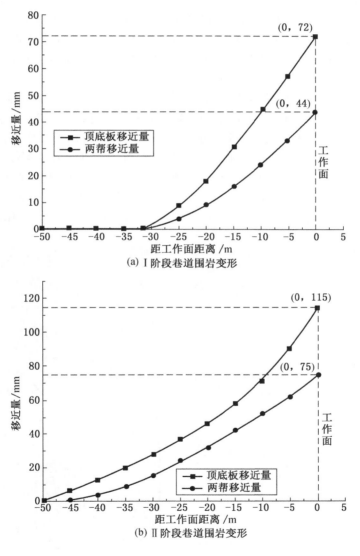

图7-4　1808工作面回采期间胶运巷围岩变形

159

帮超前工作面 30 m 开始发生变形，随着巷道与工作面距离的减小，变形速度逐渐增大，当工作面推进至该位置时巷道顶底板位移量达到最大值，为 72 mm；两帮移近量在工作面推进至该处时达到最大，为 44 mm。当上下煤层层间距较小时，随着工作面的推进，巷道顶底板和两帮移近量变化速度比层间距较大的 I 阶段快；当工作面推进至测站时，巷道顶底板移近量达 115 mm，比 I 阶段变形量增大 43 mm，两帮移近量达 75 mm，比 I 阶段变形量增大 31 mm。因此，在 1808工作面回采期间，胶运巷超前支护设计应在 I 阶段和 II 阶段有所差异，在 I 阶段时，胶运巷超前支护距离应不小于 30 m；在 II 阶段时超前支护距离应不小于45 m。当因超前支护距离较长，工作面不能满足条件时，应及时在超前范围内假设工字钢棚加强支护，保证巷道的稳定。

通过对 1808 工作面胶运巷顶板破裂情况的探测发现，在 I 阶段时，下煤层工作面回采前，距巷道顶板 6 m 范围内岩层完整性较好，其上 7.5 m 范围内岩层均受到不同程度的损伤，这与理论分析的结果大致相符；当工作面推进至 30 m时距巷道顶板 5 m 处岩层发生破裂，随着工作面的推进，岩层裂纹逐渐向下贯通，当工作面推进至该测孔时，距巷道顶板 2 m 处岩层出现破裂现象（图 7 – 5）。当在 II 阶段时，1808 工作面回采前，3 m 层间岩层均已受到不同程度的损伤，随着测孔与工作面距离的减小，窥视可见裂纹进一步贯通发育，当工作面推进至该

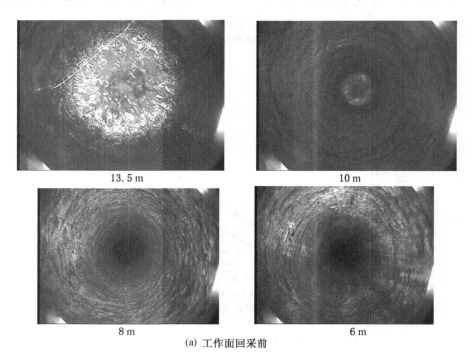

13.5 m

10 m

8 m

6 m

(a) 工作面回采前

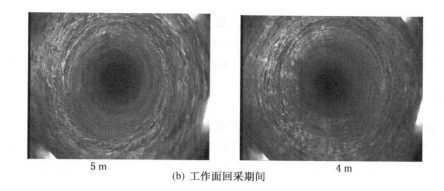

5 m　　　　　　　　　　4 m

(b) 工作面回采期间

图 7 - 5　巷道顶板钻孔窥视图

测孔时，巷道顶板受到采动应力的影响，距顶板 1 m 处岩层受到挤压生成大量微小裂纹（图 7 - 6）。钻孔的窥视结果与巷道围岩变形规律相符，因此，在进行胶

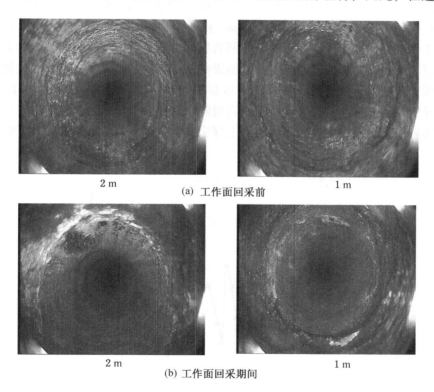

2 m　　　　　　　　　　1 m

(a) 工作面回采前

2 m　　　　　　　　　　1 m

(b) 工作面回采期间

图 7 - 6　巷道顶板钻孔窥视图

运巷支护设计时应提高锚杆的预紧力，最大限度减小采动应力对巷道围岩的影响，提高巷道围岩的稳定性。除此之外，在胶运巷Ⅱ阶段进行超前支护时，应将超前单体增至4排，保证采动影响下回采巷道的稳定，确保工作间的安全生产。

7.3.2 1808 工作面矿压显现规律

1808 工作面回采期间，分别在工作面中部区域布置 10 个液压支架测站，每 5 架布置一个测站，每个测站监测液压支架两个立柱的压力，工作面支架每次移架后待压力表数值稳定后进行立柱压力记录，取单次每台支架立柱的最大值，最后将 10 个测站支架压力最大值进行加权平均。

工作面支架压力如图 7-7 所示，当工作面在层间距较大的Ⅰ阶段回采期间，工作面最大支架压力为 39.5 MPa，周期来压步距为 38.5 m；当工作面在层间距较小的Ⅱ阶段回采期间，工作面最大支架压力为 46 MPa，且每次来压期间支架压力在 44.5～46 MPa，1808 工作面周期来压步距为 18～25 m，明显小于层间距较大的Ⅰ阶段区域的周期来压步距。在 1808 工作面上方 18203 工作面回采期间，18203 工作面周期来压步距为 22～31 m，由此可知，当上下煤层间距较大时，下煤层工作面的来压步距主要取决于层间岩层的性质；随着层间距的逐渐增大，层间岩层对下煤层工作面周期来压步距的影响逐步减弱，而上煤层工作面关键层结构的断裂长度对下煤层工作面周期来压步距的影响逐渐增强。当煤层间距较小时，受上煤层支撑压力的影响，层间岩层随采随冒，工作面顶板在液压支架的支护下能够保持稳定，但支架压力受到上煤层关键层结构的显著影响，上下煤层间

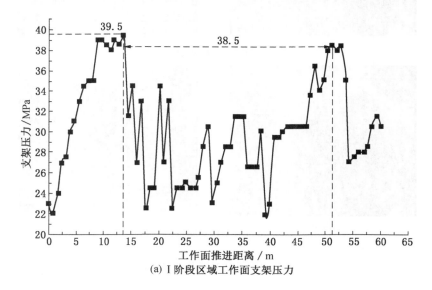

(a) Ⅰ阶段区域工作面支架压力

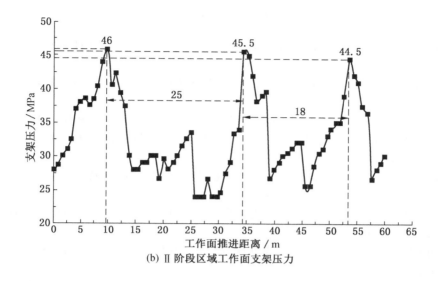

(b) Ⅱ阶段区域工作面支架压力

图 7-7   1808 工作面支架压力

来压步距同步协调。由于层间岩层厚度较小，下煤层工作面支架除承受上煤层工作面垮落带内矸石自重和层间岩层自重外，还受上煤层关键层覆岩荷载影响，说明下煤层工作面回采期间，上煤层关键层结构断裂、回转失稳，造成下煤层工作面支架需要承担更大范围内的覆岩荷载。因此，当煤层间距较小时，应合理提高工作面支架初撑力，维护工作面顶板的稳定，防止工作面顶板台阶下沉、冒顶等事故的发生。

参 考 文 献

[1] 钱鸣高, 何富连, 缪协兴. 采场围岩控制的回顾与发展 [J]. 煤炭科学技术, 1996, 1, 1-3.

[2] 钱鸣高, 许家林. 覆岩采动裂隙分布的 "O" 形圈特征研究 [J]. 煤炭学报, 1998, 23 (5): 466-469.

[3] 何满潮. 软岩工程力学的理论与实践 [M]. 北京: 中国矿业大学出版社, 1996.

[4] 谢和平, 钱鸣高, 彭苏萍, 等. 煤炭科学产能及发展战略初探 [J]. 中国工程科学, 2011 (6): 44-50.

[5] 康红普, 牛多龙, 张镇, 等. 深部沿空留巷围岩变形特征与支护技术 [J]. 岩石力学与工程学报, 2010, 29 (10): 1977-1986.

[6] 黄庆享. 浅埋煤层的矿压特征与浅埋煤层定义 [J]. 岩石力学与工程学报, 2002, 21 (8): 1174-1177.

[7] 谢和平, 周宏伟, 薛东杰, 等. 煤炭深部开采与极限开采深度的研究与思考 [J]. 煤炭学报, 2012, 37 (4): 535-542.

[8] 谢和平, 周宏伟, 刘建锋, 等. 不同开采条件下采动力学行为研究 [J]. 煤炭学报, 2011, 36 (7): 1067-1074.

[9] 何满潮. 深部软岩工程的研究进展与挑战 [J]. 煤炭学报, 2014, 39 (8): 1409-1416.

[10] 何满潮, 谢和平, 彭苏萍, 等. 深部开采岩体力学研究 [J]. 岩石力学与工程学报, 2005, 24 (16): 2803-2813.

[11] 何满潮, 钱七虎. 深部岩体力学基础 [M]. 北京: 科学出版社, 2010.

[12] 黄庆享. 浅埋煤层厚沙土层顶板关键块动态载荷分布规律 [J]. 煤田地质与勘探, 2003, 31 (6): 22-25.

[13] 王国法. 液压支架技术 [M]. 北京: 煤炭工业出版社, 1998.

[14] 王国法, 庞义辉. 液压支架与围岩耦合关系及应用 [J]. 煤炭学报, 2015, 40 (1): 30-34.

[15] 唐春安, 李连崇, 李常文, 等. 岩土工程稳定性分析 RFPA 强度折减法 [J]. 岩石力学与工程学报, 2006, 25 (8): 1522-1530.

[16] Korpach P. Stress changes near the face of underground excavations [A]. Proceedings of the International Symposium on Rock Stress and Rock Ress Measurements [C]. 1986: 635-645.

[17] John G H, Hani S M. Numerical modeling of ore dilution in blasthole stoping [J]. International Journal of Rock Mechanics and Mining Sciences, 2007, 44 (5): 692-703.

[18] 温庆华. 薄煤层开采现状及发展趋势 [J]. 煤炭工程, 2009, (3): 60-61.

[19] 申宝宏. 我国煤炭开采技术发展现状及展望 [M]. 中国煤炭工业可持续发展的新型工业化之路—高效、安全、洁净、结构化, 中国煤炭学会岩石力学与支护专业委员会, 北京, 煤炭工业出版社, 2004 (9): 5-58.

[20] 赵宏珠. 浅埋采动煤层工作面矿压规律研究田 [J]. 矿山压力与顶板管理, 1996,

(2): 23 – 27.

[21] 侯忠杰, 谢胜华, 张杰. 地表厚土层浅埋煤层开采模拟试验研究 [J]. 西安科技学院学报, 2003, 23 (4).

[22] 赵宏珠. 印度浅埋深难垮顶板煤层地面爆破综采研究 [J]. 矿山压力与顶板管理, 1999, (3): 57 – 60.

[23] 何满潮, 齐干. 深部复合顶板煤巷变形破坏机制及耦合支护设计 [J]. 岩石力学与工程学报, 2007, 26 (5): 988 – 991.

[24] 侯忠杰. 厚砂下煤层覆岩破坏机理探讨 [J]. 矿山压力与顶板管理, 1995, 37 (1): 37 – 40.

[25] 侯忠杰. 浅埋煤层关键层研究 [J]. 煤炭学报, 1999, 24 (4): 356 – 363.

[26] 侯忠杰. 地表厚松散层浅埋煤层组合关键层稳定性分析 [J]. 煤炭学报, 2000, 25 (2): 127 – 131.

[27] 钱鸣高. 矿山压力与岩层控制 [M]. 徐州: 中国矿业大学出版社, 2010.

[28] M. moosavi. a model for cable rock bolt mass interaction [J]. Sciencedirect, 2006: 661 – 670.

[29] Palei. S. K. Sensitivity analysis of support safety factor for predicting the effects of contributing parameters on roof falls in underground coal mines [J]. International Journal of Coal Geology. Sep2008, Vol. 75 Issue 4, 241 – 247.

[30] Lars malmgren. etc. interaction of shotcrete with rock and rock bolts [J]. sciencedirect, 2007: 538 – 553.

[31] J Hematian, I Porter & N I Aziz. Design of roadway support using a strain softening model in Proc. 13th international conference. ground control in mining. Morgantown. WV. 1994. ed S. S. Peng (WVU/USBM), 1994, 50 – 57.

[32] N G Baxter, T P Watson, B N Whittaker. A study of the application of T – H support systems in coal mine gate roadways in the UK [J]. Mining Science and Technology, Volume 10, Issue 2, March 1990, 167 – 176.

[33] Williams G. Roof Bolting in South Wales [J]. Colliery Guardian, 2004, 11.

[34] Smart. B. G. D, Davies. D. O etc, Application of the Rock – Title Approach to pack Design in an Arch – Sharped Roadway [J]. Mining Engineer, Dec, 1982.

[35] Bjurstrom, S. Shear Strength of Hard Rock Joints Reinforced by Grouted Untensioned Bolts, Proc. of 3rd Congress, ISRM Denver, Vol. II. B. 1974.

[36] 刘长友, 钱鸣高, 曹胜根. 采场支架与围岩系统刚度的研究 [J]. 矿山压力与顶板管理, 1998, 3 (3): 2 – 4.

[37] 汪理全. 煤层群上行开采技术 [M]. 北京: 煤炭工业出版社, 1995.

[38] 杜计平, 汪理全. 煤矿特殊开采方法 [M]. 徐州: 中国矿业大学出版社, 2003.

[39] 张百胜, 杨劲松, 廉建军. 东山煤矿上行开采实践 [J]. 中国煤炭, 2007, 33 (2), 38 – 40.

[40] 陈炎光, 陆士良. 中国煤矿巷道围岩控制 [M]. 徐州: 中国矿业大学出版社, 1994.

[41] 姜福兴，宋振骐，宋扬．老顶的基本结构形式［J］．岩石力学与工程学报，1993，3，366-379.

[42] 谢广祥，王磊，常聚才．煤柱宽度对综放工作面巷道位移的影响规律［J］．煤炭科学技术，2008（12）：28-30.

[43] 李广信，张丙印，于玉贞．土力学［M］．2版．北京：清华大学出版社，2013.

[44] 徐芝纶．弹性力学简明教程［M］．3版．北京：高等教育出版社，2002.

[45] 朱卫兵，许家林，施喜书，等．覆岩主关键层运动对地表沉陷影响的钻孔原位测试研究［J］．岩石力学与工程学报，2009，28（2）：403-409.

[46] 许延春，刘世奇，柳昭星，等．近距离厚煤层组工作面覆岩破坏规律实测研究［J］．采矿与安全工程学报，2013（4）：506-511.

[47] 周楠，张强，安百富，等．近距离煤层采空区下工作面矿压显现规律研究［J］．中国煤炭，2011（2）：48-51.

[48] 王建平，王炳文，邓鹏海，等．近距离煤层采空区下回采巷道矿压显现规律研究［J］．煤炭技术，2014（4）：109-112.

[49] Yang W, Liu C Y, Huang B X, et al. Determination on reasonable malposition of combined mining in close-distance coal seams［J］. Journal of Mining & Safety Engineering, 2012.

[50] Lu D C, Liu X, Liang X C, et al. Study on Distribution Laws of Abutment Pressure for Fully-Mechanized Top-Coal Caving Face in Deep and Large Mining Height［J］. Advanced Materials Research, 2013, 746：496-500.

[51] Zhao J, Chen F, Shi-Tong Q, et al. The Laws of Surrounding Rock Stress Distribution at Fully Mechanized Coal Face in Close Distance Coal Seams Under Rib Pillar Gobs［J］. Safety in Coal Mines, 2012.

[52] 王广利，海立鑫，李明，等．清河门矿近距离煤层群上行开采技术［J］．辽宁工程技术大学学报（自然科学版），2009（S2）：19-21.

[53] 孙力，杨科，闫书缘，等．近距离煤层群下行开采覆岩运移特征试验分析［J］．地下空间与工程学报，2014（5）：1158-1163.

[54] 窦礼同，杨科，闫书缘．近距离煤层卸压开采围岩力学特征试验研究［J］．地下空间与工程学报，2014（5）：1177-1182.

[55] 索永录，刘建都，周麟晟，等．极近距离煤层群开采区段煤柱合理宽度的研究［J］．煤炭工程，2014（11）：8-10.

[56] 史元伟，康立军．坚硬顶板近距煤层刀柱与长壁联合开采相互影响分析［J］．煤矿开采，1992（2）：27-32.

[57] 郭文兵，刘明举，李化敏，等．多煤层开采采场围岩内部应力光弹力学模拟研究［J］．煤炭学报，2001（1）：8-12.

[58] 鲁岩，刘长友．近距离煤层同采巷道混合布置参数分析［J］．山东科技大学学报（自然科学版），2015（3）：68-77.

[59] 陆士良，姜耀东，孙永联．巷道与上部煤层间垂距 Z 的选择［J］．中国矿业大学学报，

1993（1）：4－10.

[60] 陆士良，孙永联，姜耀东．巷道与上部煤柱边缘间水平距离 X 的选择 [J]．中国矿业大学学报，1993（2）：4－10.

[61] 索永录，商铁林，郑勇，等．极近距离煤层群下层煤工作面巷道合理布置位置数值模拟 [J]．煤炭学报，2013（S2）：277－282.

[62] 许磊，张海亮，耿东坤，等．煤柱底板主应力差演化特征及巷道布置 [J]．采矿与安全工程学报，2015（3）：478－484.

[63] 于洋，神文龙，高杰．极近距离煤层下位巷道变形机理及控制 [J]．采矿与安全工程学报，2016（1）：49－55.

[64] 鞠金峰，许家林，朱卫兵，等．浅埋近距离一侧采空煤柱下切眼位置对推出煤柱压架灾害的影响规律 [J]．岩石力学与工程学报，2014（10）：2018－2029.

[65] 钱鸣高，李鸿昌．采场上覆岩层活动规律及其对矿山压力的影响 [J]．煤炭学报，1982（2）：1－12.

[66] 钱鸣高，缪协兴，何富连．采场"砌体梁"结构的关键块分析 [J]．煤炭学报，1994，19（6）：557－563.

[67] 王家臣，王兆会．浅埋薄基岩高强度开采工作面初次来压基本顶结构稳定性研究 [J]．采矿与安全工程学报，2015，32（2）：175－181.

[68] 王家臣，杨胜利，杨宝贵，等．长壁矸石充填开采上覆岩层移动特征模拟试验 [J]．煤炭学报，2012，37（8）：1256－1262.

[69] 王家臣，王蕾，郭尧．基于顶板与煤壁控制的支架阻力的确定 [J]．煤炭学报，2014，39（8）：1619－1624.

[70] 石平五，侯忠杰．神府浅埋煤层顶板破断运动规律 [J]．西安矿业学院学报，1996，16（3）：204－207.

[71] 黄庆享．浅埋煤层厚沙土层顶板关键块动态载荷分布规律 [J]．煤田地质与勘探，2003，31（6）.

[72] 黄庆享．浅埋煤层长壁开采顶板结构及岩层控制研究 [M]．徐州：中国矿业大学出版社，2000.

[73] 侯忠杰．组合关键层理论的应用研究及参数确定 [J]．煤炭学报，2001，26（5）：611－615.

[74] 侯忠杰．对浅埋煤层"短砌体梁、"台阶岩梁结构与砌体梁理论的商榷 [J]．煤炭学报，2008，33（11）：1201－1204.

[75] 霍振奇，赵森林．对用"砌体梁"理论确定液压支架工作阻力的改进 [J]．矿山压力，1988，7：54－57.

[76] 宋振骐，刘义学，陈孟伯，等．岩梁裂断前后的支承压力显现及其应用的探讨 [J]．山东矿业学院学报，1984（1）：27－39.

[77] 宋振骐．实用矿山压力理论 [M]．徐州：中国矿业大学出版社，1988.

[78] 卢国志，汤建泉，宋振骐．传递岩梁周期裂断步距与周期来压步距差异分析 [J]．岩土

工程学报，2010，32（4）：538－541.

[79] 宋正阳．基于传递岩梁理论的周期来压步距预测研究［J］．科技创新与应用，2015，17：39.

[80] 王世炫，罗勇，沈顺平．大采高综采工作面矿压观测及显现特征研究［J］．煤炭技术，2014，33（10）：177－180.

[81] 文志杰．无煤柱沿空留巷控制力学模型及关键技术研究［D］．青岛：山东科技大学，2011.

[82] 钱鸣高，朱德仁，王作棠．老顶岩层断裂型式及对工作面来压的影响［J］．中国矿业学院学报，1986（2）：9－18.

[83] 朱德仁．长壁工作面老顶的破断规律及其应用［D］．徐州：中国矿业大学，1987.

[84] 何富连，赵计生，姚志昌．采场岩层控制论［M］．北京：冶金工业出版社，2009.

[85] 何富连，陈冬冬，谢生荣．弹性基础边界基本顶薄板初次破断的KDL效应［J］．岩石力学与工程学报，2017，36（6）：1384－1399.

[86] 贾喜荣，杨永善，杨金梁．老顶初次断裂后的矿压裂隙带［J］．山西煤炭，1994，（4）：21－22.

[87] 贾喜荣，李海，王青平，等．薄板矿压理论在放顶煤工作面中的应用［J］．太原理工大学学报，1999，（2）：179－183.

[88] 贾喜荣，翟英达．采场薄板矿压理论与实践综述［J］．矿山压力与顶板管理，1999，3（4）：25－29.

[89] 贾喜荣，翟英达，杨双锁．放顶煤工作面顶板岩层结构及顶板来压计算［J］．煤炭学报，1998，（4）：25－29.

[90] 贾喜荣．坚硬顶板垮落机理及其工作面几何参数的确定［J］．第三届采场矿压理论与实践讨论会论文集，1986.

[91] 贾喜荣．岩层控制［M］．徐州：中国矿业大学出版社，2011.

[92] 贾喜荣．岩石力学与岩层控制［M］．徐州：中国矿业大学出版社，2010.

[93] 秦广鹏，蒋金泉，张培鹏，等．硬厚岩层破断机理薄板分析及控制技术［J］．采矿与安全工程学报，2014，31（5）：726－732.

[94] 宿成建，叶明亮．白腊坪煤矿K13薄煤层坚硬顶板的薄板理论分析及其来压预报［J］．贵州工学院学报，1993，22（2）：47－54.

[95] 顾伟．基于弹性薄板模型的开放式充填顶板稳定性研究［J］．采矿与安全工程学报，2013，30（6）：886－891.

[96] 屠洪盛，屠世浩，陈芳，等．基于薄板理论的急倾斜工作面顶板初次变形破断特征研究［J］．采矿与安全工程学报，2014，31（1）：49－59.

[97] 王红卫，陈忠辉，杜泽超，等．弹性薄板理论在地下采场顶板变化规律研究中的应用［J］．岩石力学与工程学报，2006，25（增2）：3769－3774.

[98] 钱鸣高，缪协兴，许家林．岩层控制中的关键层理论研究［J］．煤炭学报，1996，21（3）：225－230.

[99] 缪协兴，陈荣华，浦海，等．采场覆岩厚关键层破断与冒落规律分析［J］．岩石力学与工程学报，2005，24（8）：1289－1295．

[100] 缪协兴，浦海，白海波．隔水关键层原理及其在保水采煤中的应用研究［J］．中国矿业大学学报，2008，37（1）：1－4．

[101] 缪协兴，钱鸣高．超长综放工作面覆岩关键层破断特征及对采场矿压的影响［J］．岩石力学与工程学报，2003，22（1）：45－47．

[102] 缪协兴，茅献彪，孙振武，等．采场覆岩中复合关键层的形成条件与判别方法［J］．中国矿业大学学报，2005，34（5）：547－549．

[103] 许家林．岩层移动控制的关键层理论及其应用［D］．徐州：中国矿业大学，1999．

[104] 许家林，钱鸣高，高红新．采动裂隙试验结果的量化方法［J］．辽宁工程技术大学学报，1998，6，586－589．

[105] 许家林，钱鸣高．关键层运动对覆岩及地表移动影响的研究［J］．煤炭学报，2000，2，122－125．

[106] 黄庆享．浅埋煤层的矿压特征与浅埋煤层定义［J］．岩石力学与工程学报，2002，21（8）：1174－1177．

[107] 黄庆享．浅埋煤层采动厚砂土层破坏规律模拟［J］．长安大学学报，2003，23（4）：25－27．

[108] 黄庆享．厚沙土层在顶板关键层上的载荷传递因子研究［J］．岩土工程学报，1999，24（6）：672－676．

[109] 茅献彪，缪协兴，钱鸣高．采场覆岩中复合关键层的形成条件与判别方法［J］．湘潭矿业学院学报，1999，14（1）：1－5．

[110] 茅献彪，缪协兴，钱鸣高．采动覆岩中关键层的破断规律研究［J］．中国矿业大学学报，1998，27（1）：39－42．

[111] 张吉雄，姜海强，缪协兴，等．密实充填采煤沿空留巷巷旁支护体合理宽度研究［J］．采矿与安全工程学报，2013，30（2）：159－164．

[112] 钱鸣高，张顶立，黎良杰，等．砌体梁的"S－R"稳定及其应用［J］．矿山压力与顶板管理．1994（3）：6－11．

[113] 许家林，朱卫兵，王晓振，等．浅埋煤层覆岩关键层结构分类［J］．煤炭学报，2009，37（7）：865－870．

[114] 屠世浩，窦凤金，万志军，等．浅埋房柱式采空区下近距离煤层综采顶板控制技术［J］．煤炭学报，2011，36（3）：366－370．

[115] 孙力，杨科，闫书缘，等．近距离煤层群下行开采覆岩运移特征试验分析［J］．地下空间与工程学报，2014，10（5）：1158－1163．

[116] 樊永山，张胜云．近距离煤层群下行开采下煤层覆岩运移规律模拟［J］．辽宁工程技术大学学报（自然科学版），2015，34（8）：887－891．

[117] 李春林，王志刚．缓倾斜超近距离煤层开采相似模拟试验研究［J］．辽宁工程技术大学学报（自然科学版），2010，29（增）：69－71．

[118] 杨敬轩, 刘长友, 杨宇. 浅埋近距离煤层房柱采空区下顶板承载及房柱尺寸 [J]. 中国矿业大学学报, 2013, 42 (2): 161 - 168.

[119] 金珠鹏. 沙坪矿近距离煤层开采覆岩运动规律及围岩变形机理研究 [D]. 北京: 中国矿业大学 (北京), 2018.

[120] 金珠鹏, 秦涛. 深部大采高工作面支承压力分布特征及影响因素分析 [J]. 煤炭科学技术, 2018, 46 (S1): 97 - 99.

[121] 金珠鹏, 秦涛. 高应力作用下大变形破碎巷道稳定技术 [J]. 煤矿安全, 2018, 49 (5): 99 - 103.

[122] 金珠鹏, 秦涛. 深部高强开采下巷道大变形及卸压支护技术 [J]. 黑龙江科技大学学报, 2017, 27 (4): 378 - 382.

[123] 金珠鹏. 禾二矿大变形软岩巷道耦合支护技术研究 [J]. 煤炭技术, 2017 (7): 51 - 55.

[124] Zhupeng Jin, Junwen Zhang. Effect of Coal Room - Pillar Deformation On the Overlying Strata Instability: A Case Study During Coal Panel Extraction. Electronic Journal of Geotechnical Engineering, 2016, 21 (13): 4727 - 4737.

[125] Zhupeng Jin, Junwen Zhang. Study on Stabilit of Surrounding Rock In DeepTunnel And Its Support Design In Donghai Mine. International Journal of Smart Home, Volume10, No. 7 July 2016: 69 - 80.

[126] 金珠鹏, 罗霄. 荣华矿上山巷道底鼓治理研究 [J]. 煤炭技术, 2015 (1): 84 - 86.

[127] 金珠鹏, 孙广义. 基于 ANSYS 模拟的煤矿巷道断面优化研究 [J]. 矿业工程研究, 2012, 27 (93): 1 - 4.

[128] 金珠鹏. 东海煤矿锚杆及注浆支护模拟 [J]. 中国矿业, 2012, 21 (5): 99 - 100.

[129] 金珠鹏, 杨增强, 刘国栋. 煤层群开采遗留煤柱效应及跨掘巷道围岩稳定性控制研究 [J]. 煤炭科学技术, 2022.

[130] 金珠鹏. 近距离煤层覆岩运动及围岩变形规律实验研究 [J]. 煤炭新视界, 2022, 2 (3): 65 - 66.

[131] 金珠鹏. 近距离煤层巷道围岩变形机理及工作面支架适应性研究 [J]. 科学与技术, 2022, 30 (3): 326 - 328.

[132] 金珠鹏. 近距离煤层开采覆岩运动主控因素分析 [J]. 中国科技信息, 2022, 33 (3): 139 - 140.

[133] 许家林, 朱卫兵, 鞠金峰. 浅埋煤层开采压架类型 [J]. 煤炭学报, 2014, 39 (8): 1625 - 1634.

[134] 王晓振, 许家林, 朱卫兵. 走向煤柱对近距离煤层大采高综采面矿压影响 [J]. 煤炭科学技术, 2009, 37 (2): 1 - 4, 21.

[135] 孙春东, 杨本生, 刘超. 1.0 m 极近距离煤层联合开采矿压规律 [J]. 煤炭学报, 2011, 36 (9): 1423 - 1428.

[136] 刘增辉, 娄嵩, 孟祥瑞, 等. 近距离煤层开采对卸压区采场围岩应力演化过程研究

［J］. 采矿与安全工程学报，2016（1）：102 – 108.

［137］王泳嘉，陶连金，邢纪波. 近距离煤层开采相互作用的离散元模拟研究［J］. 东北大学学报（自然科学版），1997，18（4）：374 – 377.

［138］杨伟，刘长友，杨宇，等. 层间应力影响下近距离煤层工作面合理错距留设问题研究［J］. 岩石力学与工程学报，2012，31（增1）：2965 – 2971.

［139］程志恒，齐庆新，孔维一，等. 近距离煤层群下位煤层沿空留巷合理布置研究［J］. 采矿与安全工程学报，2015，32（3）：453 – 458.

［140］张百胜. 极近距离煤层开采围岩控制理论及技术研究［D］. 太原：太原理工大学，2008.

［141］张百胜，杨双锁，翟英达，等. 极近距离煤层回采巷道合理位置确定方法的探讨［J］，岩石力学与工程学报，2008，27（1），97 – 101.

［142］张向阳，常聚才. 上下采空极近距离煤层开采围岩应力及破坏特征研究［J］. 采矿与安全工程学报，2014，31（4）：506 – 511.

［143］方新秋，郭敏江，吕志强. 近距离煤层群回采巷道失稳机制及其防治［J］. 岩石力学与工程学报，2009，28（10）：2059 – 2067.

［144］蔡光顺. 中兴矿及近距离煤层开采巷道布置及支护技术研究［D］. 北京：中矿矿业大学（北京），2013.

［145］黄万朋，邢文彬，郑永胜，等. 近距离煤层上行开采巷道合理布局研究［J］. 岩石力学与工程学报，2017，36：1 – 12.

［146］胡少轩，许兴亮，田素川，等. 近距离煤层协同机理对下层煤巷道位置的优化［J］. 采矿与安全工程学报，2016，33（6）：1008 – 1012.

［147］石永奎，莫技. 深井近距离煤层上行开采巷道应力数值分析［J］. 采矿与安全工程学报，2007，24（4）：473 – 476.

［148］杨胜利，刘颢颢，李杨，等. 极近距离煤层合层综放技术［J］. 煤炭学报，2011，36（3）：371 – 376.

［149］孔德中，王兆会，任志成. 近距离煤层综放回采巷道合理位置确定［J］. 采矿与安全工程学报，2014（2）：270 – 276.

［150］齐庆新，季文博，元继宏，等. 底板贯穿型裂隙现场实测及其对瓦斯抽采的影响［J］. 煤炭学报，2014，39（8）：1552 – 1558.

［151］刘洪涛，赵志强，张胜凯，等. 近距离煤层群围岩碎裂特征与裂隙分布关系［J］. 煤炭学报，2015，40（4）：766 – 773.

［152］张勇，张春雷，赵甫. 近距离煤层群开采底板不同分区采动裂隙动态演化规律［J］. 煤炭学报，2015，40（4）：786 – 792.

［153］李树刚，丁洋，安朝峰，等. 近距离煤层重复采动覆岩裂隙形态及其演化规律试验研究［J］. 采矿与安全工程学报，2016，33（5）：904 – 910.

图书在版编目（CIP）数据

近距离煤层开采覆岩运动规律及围岩变形机理研究/
金珠鹏著． －－北京：应急管理出版社，2022
ISBN 978 - 7 - 5020 - 7193 - 6

Ⅰ．①近…　Ⅱ．①金…　Ⅲ．①煤层群—煤矿开采—岩
层移动—研究　②煤层群—煤矿开采—矿压显现—研究
Ⅳ．①TD823.81

中国版本图书馆 CIP 数据核字（2022）第 042603 号

近距离煤层开采覆岩运动规律及围岩变形机理研究

著　　者	金珠鹏
责任编辑	史　杰
编　　辑	杜　秋
责任校对	李新荣
封面设计	解雅欣

出版发行　应急管理出版社（北京市朝阳区芍药居 35 号　100029）
电　　话　010 - 84657898（总编室）　010 - 84657880（读者服务部）
网　　址　www.cciph.com.cn
印　　刷　廊坊市印艺阁数字科技有限公司
经　　销　全国新华书店

开　　本　710mm×1000mm$^1/_{16}$　印张　$11^1/_4$　字数　203 千字
版　　次　2022 年 7 月第 1 版　2022 年 7 月第 1 次印刷
社内编号　20201678　　　　　　定价　42.00 元